リノベーションの教科書

企画・デザイン・プロジェクト

著・
小池志保子　宮部浩幸　花田佳明　川北健雄　山之内誠　森一彦

学芸出版社

はじめに

　本書は、建築からまちや地域までのリノベーションについて、その考え方の基本的枠組みから企画や設計の具体的方法までを、多くの事例を通して実践的に説き起こしたものである。

　高齢化や人口減少が大きな問題として認識されるようになるにつれ、既存の建物や空間を活かすリノベーションという方法が注目されるようになってきた。そして関連書籍の出版も増えたが、その多くは、国内外の先進的事例の紹介や、それらの背後にある社会的・経済的・建築生産的問題の分析であり、しかも、リノベーションの対象の種類ごとに別の書籍としてまとめられる傾向もあった。

　そこで本書では、理論と実践という座標軸、および建築からまちや地域までという座標軸をクロスさせ、さらにそこへ、新築から改修までを時間軸上で連続的に捉える視点を加えることで、リノベーションという方法の全体像を立体的に浮かび上がらせようと考えた。

　この方針に基づき、本書は3部から構成されている。第1部「リノベーションの考え方」では、リノベーションという方法の論理的な成り立ちや、それを企画し実践するための基礎的な知識を整理した。第2部「再生時代の計画学」では、住宅、学校、オフィスビルといったさまざまなビルディングタイプの建築から、まちや地域までのリノベーションの仕組みを、多くの具体的な事例を通して分析した。第3部「リノベーションを実践しよう」では、さらに具体的に、リノベーションを実践する際のノウハウを、調査、計画、設計、現場、運営といったステップごとに詳述した。

　6人の執筆者は3つの大学の教員であり、しかも建築計画や建築史の研究、そして具体的なプロジェクトの実践を通して、多くのリノベーションに携わってきたメンバーである。本書でも、それぞれが実際に関わった事例をたっぷりと紹介した。したがって、読者の皆さんには、あたかもそれらの現場にいるかのような臨場感も味わっていただけるに違いない。

　本書は「教科書」と銘打っているように、まずはさまざまな教育機関での講義や実習のテキストとして使っていただき、リノベーションへの関心を若い世代に浸透させる一助となることをねらっている。さらに本書は、1冊の読み物としても機能するはずで、具体的なリノベーションのプロジェクトに関わる機会のある学生諸君には、それを推進するための参考書として使ってほしい。そして、すでに実務に携わっている方々にとっては、日々の実践の意味を見直し、その位置づけを確認するための手がかりとなれば望外の喜びである。

2018年3月吉日

著者一同

目次

はじめに　3

第1部　リノベーションの考え方
9

第1章　リノベーションという論理

1・1　「すべてはリノベーション」という発想　10
1・2　リノベーションという論理の成り立ち　10
　　1.〈物としての建築の保存・継承　あるいは撤去・更新〉のレンジ
　　2.〈評価〉のレンジ
　　3.〈時間性〉のレンジ
1・3　リノベーションによって獲得される世界　16

第2章　リノベーションの企画

2・1　使い方から発想する　19
　　1.ストックは新たなアクティビティの受け皿
　　2.マーケットを創造せよ
　　3.空間とアクティビティを同時に創造せよ
2・2　建築再生がまちに必要なわけ——事業性からの見立て　21
　　1.事業性が問われる時代
　　2.インキュベーションの場としての古い建物の可能性
2・3　さまざまな用途へのリノベーション　22
　　1.既存建築の特性を活かす
　　2.手段としてのリノベーションのメリット
2・4　リノベーションの実現に向けて　24
　　1.事業性の確認
　　2.リノベーションに関わる最低限の建築法規

第3章　リノベーションのデザイン

3・1　リノベーションと場所　26
　　1.状況を読むこと
　　2.状況を変えること
　　3.状況を受け継ぐこと
3・2　建築の大きさを変える　27
　　1.建築を増築する
　　2.建築を減築する
　　3.部屋の大きさを変える
　　4.寸法体系を変える
　　5.人の動き方を変える
3・3　使い方を考える　32
　　1.複合的な使い方をする
　　2.空間をシェアする
3・4　素材とディテールで表現する　34
　　1.新旧の対比
　　2.新旧の継続
3・5　時間をデザインする　35

第2部　再生時代の計画学

37

第4章　住宅のリノベーション──プランニングと事業性

4・1　住宅のストックが増えた背景と課題 ·· 38
　　1. 住宅ストックが蓄えられた背景
　　2. 中古＋リノベーションという選択肢
4・2　変わる住宅像 ·· 39
4・3　既存住宅を現代のライフスタイルにフィットさせる ···························· 39
　　1. 部屋数よりも広がり優先に── Casa Dourada
　　2. 引き算のデザインでリノベーション── 1930の家
　　3. 紡がれた時間を継承するために不動産企画から始める──龍宮城アパートメント
4・4　リノベーションがつくり出す成熟社会の住宅 ···································· 43

第5章　住宅団地のリノベーション──多様なライフスタイルに呼応した住環境づくり

5・1　住宅団地の変遷と課題 ··· 44
　　1. 団地のマネジメント
　　2. 近隣住区のリノベーション
　　3. 共同住宅の住戸の変遷
5・2　多様なライフスタイルに呼応する実践例 ·· 46
　　1. 団地に福祉機能を埋め込む──泉北ほっとけないネットワーク
　　2. 郊外の住宅団地の改修事業──たまむすびテラス
　　3. ミックストデベロップメント──パークヒル
5・3　団地に新しい価値を創る ··· 51

第6章　長屋・町家のリノベーション──都市の木造住文化から始めるまちづくり

6・1　木造による建築ストック群 ·· 52
　　1. 建築ストックとしての課題
　　2. 古くて新しい都市型の住まい
　　3. 伝統の尊重
6・2　都市型木造住宅リノベーションの実践例 ·· 54
　　1. 長屋からまちをつくる──豊崎長屋
　　2. まちにつながるデザイン──頭町の住宅
　　3. オープンな暮らしの器──ヨシナガヤ
　　4. 集まって暮らす──大森ロッヂ
6・3　都市型木造住宅の魅力を伝える ··· 59
6・4　長屋・町家の魅力とまちづくり ··· 60

第7章　古民家のリノベーション──文化的価値への着目とその継承

7・1　古民家の文化的価値 ……………………………………………………………………………… 61
　　1. 失われゆく古民家
　　2. 古民家リノベーションの社会的意義
　　3. 古民家の文化的価値
7・2　古民家リノベーションの実践例 ………………………………………………………………… 63
　　1. 間取りの継承と現代生活空間との調和──中井邸
　　2. 古材の残し方に見る歴史性の継承──大前邸
　　3. 地域への波及効果と地域文化の醸成──ジャルディーノ蒲生
7・3　文化的価値の継承に向けて ……………………………………………………………………… 71

第8章　学校のリノベーション──学びを通した新たな拠点づくり

8・1　点在する貴重な空間資源としての学校 ………………………………………………………… 72
8・2　学校をリノベーションするときの手がかり …………………………………………………… 72
8・3　学校のリノベーションの実践例 ………………………………………………………………… 72
　　1. 新しい学びの場の創出──アーツ千代田 3331
　　2. 空間とプログラムの重ね描き──鋸南都市交流施設・道の駅 保田小学校
　　3. 過ぎた時間の定着──MORIUMIUS
　　4. 木造校舎を使い続ける──篠山市立篠山小学校
　　5. 重要文化財の校舎で学ぶ──八幡浜市立日土小学校
8・4　学びを通した新たな拠点づくりを目指して …………………………………………………… 83

第9章　産業遺産のリノベーション──特殊な空間への着目とその利用

9・1　産業遺産とは ……………………………………………………………………………………… 84
　　1. 産業遺産の価値
　　2. 産業遺産の転用
　　3. 建築と土木を横断する
9・2　産業遺産のリノベーションの実践例 …………………………………………………………… 85
　　1. 特殊な形態を活かす──灘高架下
　　2. 大規模な遺産を活用する──犬島精錬所美術館
　　3. 木造の倉庫・蔵を活用する──3つのアール・ブリュット美術館
　　4. 来歴を調べて改修する──東京駅丸の内駅舎
9・3　産業遺産の活用に向けて ………………………………………………………………………… 91

第10章　オフィスビルのリノベーション──機能進化か刷新か

10・1　オフィスビルのストックが増えた背景と課題 ………………………………………………… 92
10・2　大規模オフィスの進化と中小規模オフィスの刷新 …………………………………………… 92
10・3　多様化するオフィス改修 ………………………………………………………………………… 93
　　1. 創意を駆り立てるオフィス──ザ・パークレックス日本橋馬喰町
　　2. 90年以上使い続けられている人気のオフィスビル──船場ビルディング
　　3. 進化し続けるオフィスビル──霞が関ビル
　　4. オフィスビルから宿泊施設への転用──HATCHi 金沢
10・4　変わるオフィスのあり方 ………………………………………………………………………… 96

第11章　商業施設のリノベーション——消費の変化と地域拠点化

11・1　商業施設のストックが増えた背景と課題 ………………………………………………………… 98
　　　1. 中心市街地に大型商業施設のストックが増えた背景
　　　2. 大型商業施設の再生における課題

11・2　建物単体にとどまらない再生 …………………………………………………………………………… 98

11・3　新たな地域拠点としての再生 …………………………………………………………………………… 98
　　　1. 商業施設改め文化施設としての再生——アーツ前橋
　　　2. 商業施設の再生プロセスにソーシャルデザインを組み込む——マルヤガーデンズ
　　　3. 商業ビルから地域の魅力を伝える宿泊施設への転用——タンガテーブル

11・4　消費の場から地域のコンテンツ創造の場へ …………………………………………………… 102

第12章　エリアのリノベーション——多様な実践の重なり

12・1　エリアのリノベーションとは ………………………………………………………………………… 103
　　　1. 都市計画とリノベーション
　　　2. 要素どうしの関係づけ
　　　3. 事業主体の多様性

12・2　都心部のオープンスペース——道路や河川の利活用 …………………………………… 104
　　　1. 道路空間の再編——歩行者空間の充実による賑わいづくり
　　　2. 水辺空間の利活用——水都大阪
　　　3. 多様な主体の連携

12・3　密集市街地の魅力を活かす——取り残された木造住宅の歴史文化的価値の見直し … 109
　　　1. 長屋の再生活用——空堀地区
　　　2. 身近なリノベーションの集積——中崎地区・豊崎地区
　　　3. 地域活動への広がり——昭和町駅周辺

12・4　工業地の特性を活かす——産業構造の変化に対応 ……………………………………… 111
　　　1. 創造的活動拠点への転換——北加賀屋クリエイティブ・ビレッジ

12・5　郊外住宅地の個性を活かす——個別更新によるまちの魅力づくり ……………… 112
　　　1. 住宅をまちとつなぐ——禅昌寺町周辺

12・6　中山間地域における産業創出——多様な活動の連鎖 ………………………………… 115
　　　1. 「創造的過疎」への挑戦——神山プロジェクト
　　　2. リノベーションが守る風景

12・7　主体的活動の重なりとしてのエリア価値の向上 ………………………………………… 120

第3部　リノベーションを実践しよう

第13章　リノベーションのための調査

13・1　建物を知ろう 122
　　1. 流れをつくろう
　　2. 実測しよう
　　3. 野帳に描いてみよう
　　4. 写真を撮ろう
　　5. 構造を把握しよう

13・2　エリアを知ろう 132
　　1. まちに出よう
　　2. 資料を調べてみよう
　　3. 用途地域を調べてみよう
　　4. 家賃を調べよう

第14章　リノベーションの計画と設計

14・1　企画を始めよう 136
　　1. まずは使ってみよう
　　2. ターゲットを探そう
　　3. 計画をつくろう

14・2　計画を練りあげよう 142
　　1. 検討を重ねよう
　　2. 図面で考えよう
　　3. 変えるものと変えないものを考えよう（木造編）
　　4. 変えるものと変えないものを考えよう（RC造編）

14・3　プレゼンテーションしてみよう 150
　　1. プレゼンテーションシートにまとめてみよう
　　2. ダイアグラムを使ってみよう
　　3. 色々な表現に挑戦しよう
　　4. 計画を共有しよう

第15章　リノベーションの現場と運営

15・1　現場に出よう 158
　　1. 状況を観察しよう
　　2. ディテールで考えよう
　　3. 色や素材を決めよう
　　4. DIYをしてみよう

15・2　運営してみよう 166
　　1. 再び使ってみよう
　　2. 建物に関わり続けよう

第1部
リノベーションの考え方

ここでは、リノベーションによる設計に必要な基礎的文法を学習する。
リノベーションという考え方の論理の仕組みと、
リノベーションを企画し実践するための基礎的語彙や構文である。
それらを理解し、身につけることからすべては始まる。

第1章 リノベーションという論理

1・1
「すべてはリノベーション」という発想

近年の人口減少、高齢化、経済の低迷といった問題への対応策のひとつとして、日本では、既存の建築を改修し使い続けるリノベーションという考え方が注目され、住宅、アパート、団地、学校、各種公共施設、工場、倉庫など、さまざまなビルディングタイプにおいて、使われなくなった、あるいは使いにくくなった空間のリノベーションが実践され始めている。さらにこの言葉は、建築やまちづくりの専門家だけでなく、一般の人々にも通用するほどに広まっており、「古民家をリノベーションしたカフェ」といった表現は日常会話でも耳にするようになった[*1]。

本書は、そういったリノベーションと呼ばれる設計手法を学ぶための教科書として書かれるものだが、最初に少し広い視野からリノベーションという言葉をとらえ、その輪郭を描き直すことから始めたい。

さて、近年注目されているとはいえ、リノベーションは決して特別な考え方でない。たとえば、ヨーロッパの街を形づくる多くの建築は、何百年もの間、改修を繰り返しながら使い続けられてきたし、日本においても、伝統的な木造建築は、傷んだ部材を交換しながら使われてきた。町なかで、時を重ねた手づくりの構築物に出会う機会も少なくない（図1・1）。いずれもリノベーションの一種ということができるだろう。

さらに、リノベーションという言葉の意味を、「対象の何らかの状況を改変すること」と抽象的に理解すれば、人間のあらゆる行為はリノベーションだとすらいえるだろう。時間が過去から未来に向かって流れる限り、現在の行為はそれ以前とは違う状況を必ず生むからである。

この原理を建築の領域に引き寄せるなら、たとえ建築が建っていない地面でも、そこに穴を掘り棒を立てれば、その土地の状況を変え新たな空間を生み出すという意味においてリノベーションであり、そもそも掘削行為だけでも土地の状況は改変されるからリノベーションだ。つまり、〈環境に対するあらゆる人工的な働きかけはリノベーションだ〉ということになる[*2]。

1・2
リノベーションという論理の成り立ち

もちろん一般的には、すでに存在し、かつて新築された建築を改変する行為がリノベーションと呼ばれている。しかし、〈環境に対するあらゆる人工的な働きかけはリノベーションだ〉と考えてみると、

---

*1 そういった状況については、松村秀一『ひらかれる建築——「民主化」の作法』（筑摩書房、2016）、松村秀一・馬場正尊・大島芳彦監修『リノベーションプラス　拡張する建築家の職能』（ユウブックス、2016）など参照。

*2 リノベーションという言葉の定義は曖昧である。そもそも建築を改変する行為を表す言葉は、リノベーション以外にも、リフォーム、コンバージョン、レストレーション、レスタウロ、インターベンション、改修、改装、改造、修復、修理、復元、復原、再生などたくさんの表現があり、それぞれの定義や差異も曖昧だ。カタカナ表記された言葉には、原語との意味のずれもあるだろう。

したがって、ここに書いたような広い意味を「リノベーション」という言葉に担わすことについては異議があるかもしれない。別の言葉や特別な記号で示すべきだという指摘も可能だろう。ただ、現在の日本においてはこれ以外に適当な言葉があまり見当たらず、本書では、このような拡大した意味を表す言葉としてもリノベーションという表記を使い、特に本章ではむしろ従来の意味の場合に「一般的な意味での」などの説明をつけるようにした。

図 1・1 神戸市の下町で見かけた光景。ビルの入口上部に太陽電池を搭載した庇が取りつけられ、隣の資材置場の塀とうまく一体化している。奥には手づくりと思われる木造の小屋。ガードレールにも板と植木鉢が取りつけられ、全体として一定のバランスを持ったリノベーションといえる

色々なことが新たな姿で見えてくる。

たとえば、一般的な意味での「新築」と「リノベーション」を、ひとつの地平の上で論じることができるようになる。なぜならば、「新築」という行為は、現在の状況に対する「人工的な働きかけ」の比率が限りなく大きなリノベーションだと考えることができるからだ。

そうすると、「新築」につきものの「着工」や「竣工」という言葉の意味も揺らぐ。〈環境に対するあらゆる人工的な働きかけはリノベーションだ〉という前提に立てば、「着工」と「竣工」は、その場所において連綿と続くリノベーションという行為の中の一瞬の出来事にすぎないといえるからである。つまり、「着工」は更地へとリノベートされた環境のさらなるリノベーションであり、「竣工」は次のリノベーションまでの一時的な停滞の開始というわけだ。そして、やがて来る「撤去」は、次のリノベーションのためのリノベーションだと思えばよい。

このように考えていくと、個々の建築の歴史は、「着工」「竣工」「撤去」という不連続な 3 つの点の集合ではなく、リノベーションという行為による〈連続的な変形プロセス〉としてとらえられることになる[*3]。

そうすると、こういった建築が集まって形づくられる環境全体の歴史は、〈時間軸に沿った建築の連続的な変形プロセスのさまざまな変異体（バリアント）の集合〉であり、〈過去と未来との連続性をさまざまなレンジで建築的に確保する方法こそがリノベーションだ〉ということになる。

では、このように記述されたリノベーションはい

---

*3 加藤耕一は、『時がつくる建築　リノベーションの西洋建築史』（東京大学出版会、2017）において、このような連続的な変化として建築の歴史をとらえる観点を「線の建築史」と呼び、ヨーロッパの建築史を題材として、さまざまな事例を分析している。

かなる要素から成り立っているのか。

そもそも物体としての建築とは、人間の思考によって決定された形態と材質から成り、何らかの建設技術によってどこかの環境の中に建てられ、その結果、一定の機能を満たすものである。そうすると、まずは物としての建築のリノベーションは、〈建築を構成する［形］［質］［機能］［技術］［環境］といった属性のうちの、いずれかあるいはすべてを、さまざまなレンジで保存・継承あるいは撤去・更新したもの〉ということになる。そこには、物の状態についての実に多様な組み合わせの可能性があることが容易に想像できるだろう[*4]。

一方、リノベーションを実現するには、この〈保存・継承あるいは撤去・更新の程度〉をいずれかに決定しなくてはならず、その判断根拠として、〈対象となる建築およびそれから成る環境に対する何らかの評価〉が必要となる。社会的なものから個人的なものまでそのレンジは広いが、たとえば、〈建築計画的評価、歴史的評価、建築構造的評価、経済的評価、政治的・社会的評価〉などに分類できるだろう。

もちろんこのうちのひとつではなく、複数の評価が組み合わされ、ときには対立することもあるだろう。リノベーションを実現するには、そのような複数の評価の間の複雑な関係を解きほぐす作業が必要となる。

さらに、リノベーションを構成する重要でしかも必然的な要因が、〈新たな時間性〉だ。もちろん、従来の「着工」「竣工」「撤去」という３つの点の間にも時間は流れている。しかし、〈過去と未来との連続性〉を前提としたリノベーションにおいては、当然のことながら「着工」「竣工」「撤去」前後の時間も考察の対象にでき、過去・現在・未来という単純

な時制ではなく、それらが幾重にも組み合わされた〈新たな時間性〉の創出が目標となる。

このように考えてくると、リノベーションとは、〈物としての建築の保存・継承あるいは撤去・更新のレンジ（O：Object と表記）を、何らかの評価（E：Evaluation と表記）によって決定し、環境の新たな時間性（T：Time と表記）を設計すること〉と整理できるだろう。もちろん、O、E、T それぞれは、さらに多くの要素から成る関数で、広いレンジを持ち、その決定プロセスは複雑だ。

いずれにしても、O、E、T の内容が決まることでリノベーションの内容も決定され、逆に、リノベーションの内容から、それらの内容が逆算されることもあるだろう。つまりリノベーションは、O、E、T という３つの変数から成る関数として定義できるということである。では、O、E、T それぞれのレンジはどのような幅を持っているだろうか。

I. 〈物としての建築の保存・継承 あるいは撤去・更新〉のレンジ

リノベーションにおける物のレンジ（O）について考えることから始めたい。

図1・2と図1・3は、鉄骨造２階建て量産型住宅のリノベーション前後の写真である。元のままなのは、鉄製のトラス梁とブレース、および木製の根太と階段であり、合板の壁や床は新設である。鉄部は錆び止め塗装のままなので、その［形］［質］は変わらない。構造形式もそのままなので［技術］の大枠も継承される。階段自体の［形］［質］［機能］は元のままだが、階段の周囲の壁はすべて撤去したので、その周囲の空間の［形］［質］は大きく変わる。間仕切りはすべて変えるので、各空間の［形］［質］は一新

[*4] 文化財的価値を持つ建築については、その改修において保持されるべきことがらを示した「オーセンティシティ」（authenticity、真正性）という概念がある。1994年に開催された「奈良会議」で採択された「オーセンティシティに関する奈良文書」（伊藤延男ほか『新建築学大系50 歴史的建造物の保存』（彰国社、1999）に収録）によれば、「文化遺産の性格、その文化的脈絡及び時を経た展開によっては、オーセンティシティの判断は非常に多様な情報源の価値と関連するであろう」とされ、その「情報源」として、「形式と意匠、材料と材質、用途と機能、伝統と技術、立地と環境及び精神と感性、その他内的外的要因」と記されている。この枠組みは、リノベーションにおける建築の「保存・継承あるいは撤去・更新の程度」と重なり、参考になる。

第1章　リノベーションという論理　13

図1・2　リノベーション前の階段回り

図1・3　リノベーション後の様子

される。外壁や窓には基本的に手を加えない。したがって［環境］への新たな介入はほとんどない。

この設計では、既存の鉄骨造2階建ての量産型住宅を新たな住空間へと変形するにあたり、以上のような操作によって実現する〈物としての建築の保存・継承あるいは撤去・更新〉こそが、ここでのリノベーションの意図に相応しいと判断したというわけだ。

次章以降で紹介する多くの事例は、まさにOのさまざまな「値」を示すものだ。そこには、既存部との［形］［質］の連続性を考慮した増築や、別のビルディングタイプへと転じるために必要な新たな［機能］を保証する新たな［形］［質］への大規模な変更、そして修理と呼んだほうが良いかもしれないような木造建築における埋め木や部材の取り替えまで、実にさまざまなバリエーションがある。

しかし、当然のことながら一般的な解法はなく、実現したいリノベーションの姿と、〈物としての保存・継承あるいは撤去・更新の程度〉の関係について、複雑な連立方程式を解く知性が問われることになる。

2.〈評価〉のレンジ

すでに書いたように、評価（E）の種類には、建築計画的評価、歴史的評価、建築構造的評価、経済的評価、政治的・社会的評価などが考えられるが、これらの間に優劣はなく、建築の属性に対する変形操作群との複雑な関係の中で、取捨選択しなくてはいけない。

■ 建築計画的評価

「まだ使える」という判断は、リノベーションを考えるきっかけとしてわかりやすいもののひとつだろう。それを一般化すれば建築計画的評価といえる。対象となる建築の空間構成やデザインを解読し、その現在の使われ方の分析と、それに基づいた新しい使い方の可能性の考察を行うことである。

したがって、現状の機能のまま使い続けるにせよ、新たなビルディングタイプへと大きな用途変更をするにせよ、建築の空間構成から細かな仕上げまです

図1・4　小学校の体育館を産直市場に転じた例（8章）。大空間への新たな意味の付与である

べてを対等に見直し、操作に値するものを見出す必要がある。それは、評価というより、むしろ新たな価値の「発見」や「見立て」とでも呼ぶべき作業であろう（図1・4）。

■ 歴史的評価

「大切なものを壊すわけにはいかない」という判断もわかりやすい。それを一般化すれば歴史的評価といえる。リノベーションにあたっては、まずはその建築がいつの時代に建設され、その時代背景の中でどう位置づけられるのか、つまりどう「大切」なのかを明らかにしなくてはならない。

歴史といっても、近代建築史、日本建築史、地域の歴史、家族の歴史、個人の歴史など、さまざまな歴史が存在する。対象に応じ、どの枠組みによってそれを評価するのかという判断が重要だ。また、そもそも歴史とは、歴史的とされた事実の集合であるという限界を抱えた再帰的概念だから、リノベーションによって逆に歴史的評価を決定づけてしまう怖さもあり、慎重な判断が求められる（図1・5、1・6）。

■ 構造的評価

その建築が、現在の建築基準法が規定する耐震性能を満たしているかどうかを確認する建築構造的評価も重要だ。その判断のためには、現況調査を行い、耐震補強の可能性を検討する必要がある。

補強方法については、他の評価項目の内容と連動した慎重な判断が求められる。つまり、歴史的に希少性の高い建築であれば構造補強の要素を限りなく見えないようにすべきだし、逆に、それを新たなデザインとして積極的に表現したほうが相応しい建築もあるからだ。

注意しなくてはいけないのは、耐震性能の低さが建築を撤去する根拠として頻繁に使われるという事実である。しかし、現代の構造技術によればいかようにも耐震補強は可能であり、現行の耐震基準を満たさないことをその建築を壊す理由にすることは難しい。むしろ、その建築をどのような姿でどう補強し、リノベーションしたいのかという判断こそが問われている（図1・7）。

■ 経済的評価

どのようなプロジェクトであれ、さまざまな側面からの経済的評価は重要である。その建築と土地の評価額、改修費用、建て替える場合の建設費、自治体や国からの補助金を受ける可能性、賃貸物件なら賃料や維持管理費などを比較し、事業性を十分に検

図1・5　日土小学校（8章）の図書室。リノベーション前の状況

図1・6　日土小学校の図書室を当初の姿にリノベーションした様子。独特の木造モダニズム建築として、日本の近代建築史上貴重な存在と評価できる

図1・7　木造フレームによる長屋の構造補強（6章）。それ自体が新たな意匠的特徴となっている（撮影：絹巻豊）

討する必要がある。

既存の建築に対する経済的評価は、時代、国、地域などによって大きく違う。日本では、古い建築には経済的価値を認めず、土地にのみそれを見出す傾向がある。しかし、優れたリノベーションは古い建築の価値を高め、それにともなって経済的評価も上がり、社会的・文化的位置づけをも変える可能性がある。

■政治的・社会的評価

さまざまな政治的・社会的出来事やそれにまつわる記憶によっても、リノベーションに対する判断は左右される。すなわち、政治的・社会的評価である。たとえばファシズム時代のドイツやイタリア、あるいは日本の植民地時代のアジア諸国などで権力者側が建設した建築は、弾圧された側の人々の中に負の記憶と呼ぶべきものを残している。大きな自然災害の被害にあった建築なども同様である。一方で、人々の間に幸福な記憶として残っている建築はいくらでもあるだろう。

いずれにせよ、こういった背景を持つ建築については感情的な評価も出やすく、まずはその去就自体が大問題になりがちだ。したがって、そのような場合は、さまざまな関係者からの多様な意見を受け止め、性急な判断を避ける努力が大切である（図1・8）。

3. 〈時間性〉のレンジ

〈過去と未来との連続性〉を前提にして建築を再構成するリノベーションは、「新築」の建築によっては実現しないさまざまな別の時間感覚としての新たな時間性（T）を可能にする。

古い住宅を壊して建て替えてしまったときの住み手の喪失感の大きさは、しばしば指摘される通りである。しかし、改修や増築を行えば、住み手の「過去」の記憶を甦らせる手がかりは残したまま、その先に新たな「未来」の時間が接続される。それは、「新築」の家でゼロから新たな「現在」の時間が流れ始めるのとは、まったく異なる状況だろう。

図1・9は、神戸市の「海外移住と文化の交流センター」である。南米への移住希望者が渡航前の研修や準備を行う施設として1928年につくられた建築だが、2009年にリノベーションが終わり、現在は移民関係の展示施設やアーティストのアトリエなどとして使われている。展示部門の改修に際しては、空間こそが展示物という考え方に立ち、人々が日本での最後の日々を過ごした居室の再現などが注意深く行われた。

南米から一時帰国した方の訪問に出くわしたことがあるが、記憶が一気に呼び戻されたようで、たいへん感激されていた。この建築は、移住という国策の歴史ときわめて個人的な記憶を守る役目を果たし、現在の時間の上に、過去へとつながるもうひとつ別

図1・8 東日本大震災の津波で破壊された宮城県石巻市立大川小学校。議論の末、震災遺構として保存されることになった（撮影：川尻大介）

図1・9 海外移住と文化の交流センター外観（左）と、再現された居室（右）

の時間軸を生み出したのだ。

ところで、リノベーションにおける時間性を考える上でひとつ注意したいのは、「過去」の扱いである。リノベーションにおいては必然的に、対象とする建築の「過去の姿」が手がかりとなる。しかし、「過去」とはいつの時代のことなのか、「過去の姿」はどうやって確認するのか、「過去」が伝統や様式といった抽象的な言葉でしか示せない場合はどうするのか、「過去」が誰かの記憶の中にしかない場合はどうするのかなどの疑問が浮かび、「過去の姿」の確定作業は難問である。

そのようなことを考える手がかりが図 1・10 だ。これは東京・丸の内にある三菱1号館で、いかにも古風な様式建築だが、実は 2009 年に完成した現代建築である。かつてここには、ジョサイア・コンドルによって設計され 1894 年に完成した煉瓦造の建築があったが、1968 年に解体された。その後 2009 年に、免震構造技術や容積移転の手法などを駆使し、当時の外装や内装を再現した建築が完成した。

つまり、100 年以上前の「過去」に存在した建築を改修したのではなく、資料に基づき「過去の姿」が「新築」されたのである。このような経緯ゆえに評価も分かれ、完成した建物の意味について、文化財保存論の観点から議論も起きた[*5]。

図 1・10　三菱 1 号館。手前が復原部分。奥が高層棟

しかし、いわばレプリカ建築を生み出したこの行為、つまり「復元」も、［形］［質］［機能］［技術］［環境］といった属性のうちの［形］［質］を重点的に連続させた設計行為だと考えれば、リノベーションということができるだろう[*6]。本書では、建築の「過去の姿」を、現に存在するものから図や言葉による情報までを含む広いレンジでとらえた上で、それを手がかりに新たな建築の属性を決定する行為としてリノベーションを位置づけたい。

1・3 リノベーションによって獲得される世界

リノベーションは、このようにさまざまな要素の複雑なバランスの中で成立する。最後に、その罠と可能性、そして結果として獲得される世界のイメージを書いておきたい。

■ リノベーションの罠と可能性

リノベーションとは、建築についての思考に時間論を持ち込んだ論理体系だといえる。最初に書いたように、それは決して特別な考え方ではない。歴史的存在である建築と、それに支えられたわれわれの生活の間に、本来的な連続性を保証するための、むしろ自明ともいえる設計手法である。

もちろん、これまでの近・現代建築家にとっても歴史との接続はテーマであった。川添登などによる「伝統論争」、磯崎新が提唱した引用論、ポスト・モダニズムと呼ばれた復古調デザインへの世界的な回帰などは、このテーマに対する回答である。しかしいずれも、時間軸上の特定の時代や建築が、接続に値する「歴史」として唐突に持ち込まれた感があり、その根拠は必ずしも説得力を持たず、結局は、個性的・恣意的なヴォキャブラリーづくりへと自閉してしまったように思われる。

リノベーションという考え方は、まさにこういっ

[*5]　「特集　検証・三菱一號館再現」『建築雑誌』2010 年 1 月号
[*6]　鈴木博之編『復元思想の社会史』（建築資料研究社、2006）、海野聡『古建築を復元する　過去と現在の架け橋』（吉川弘文館、2017）など参照。

第1章　リノベーションという論理　17

図 1・11　広島平和資料館のピロティから原爆ドームを望む

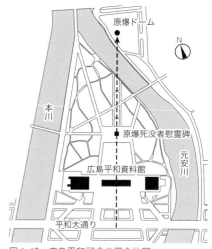

図 1・12　広島平和記念公園全体図

た問題の乗り越えを目指すものだ。

　すでに書いたようなリノベーションの枠組みで建築を見るなら、その設計作業は、〈物としての建築の保存・継承あるいは撤去・更新のレンジ（O）を、何らかの評価（E）によって決定し、環境の新たな時間性（T）を設計すること〉と整理される。したがって、少なくとも設計根拠を、個人的な言葉ではなく、論理的な共通言語で語り、かつ批評することが容易になってくる。

　また、環境全体の歴史は〈時間軸に沿った建築の連続的な変形プロセスのさまざまな変異体(バリアント)の集合〉であるという前提に立っているから、建築とその外部にあるまちや都市との境界も消えていく。建築のリノベーションがまちづくりにつながる所以(ゆえん)である。

　しかし一方で、この論理には罠もある。たとえば、歴史との接続を意識するあまり、設計根拠を、既存部のヴォキャブラリーの変形操作だけに求めてしまうような事態である。つまり、すでにある経験知だけに頼った保守的姿勢を生んだり、あるいは逆に、既存部のヴォキャブラリーの変形や組み合わせのデザインを先鋭化させすぎて、結局は既存部に対する見立ての妙を競う個性的・恣意的な操作へと逆戻りする危険性があるということだ。

　しかし、リノベーションという論理に従えば、既存部は歴史全体へと連続的につながっており、デザインを個性的・恣意的なヴォキャブラリーづくりと捉えるような呪縛から解放されるはずである。そして、この前提のもとで、〈物としての建築の保存・継承あるいは撤去・更新のレンジ（O）を、何らかの評価（E）によって決定し、環境の新たな時間性（T）を設計する〉作業を、論理的に進めることを目標にすればよいのである。いわゆる更地での新築においても、リノベーションとして設計する、すなわち新たな時間性への深い考察に基づいて撤去・更新のレンジを決めることで、新たなヴォキャブラリーが発見されていくに違いない。

■ **リノベーションによって獲得される世界のイメージ**

　図 1・11 は、丹下健三が設計した広島平和資料館のピロティから原爆ドームを眺めたものだが、この風景は、本章で考えてきたリノベーションという論理によって獲得される風景の一例である。

　1915 年に建った広島県物産陳列館が 1945 年に被爆し、その後原爆ドームと呼ばれ、さらに世界遺産へと登録された経緯を詳述する紙幅はない*7。しかし、清算されるべき過去や恒久平和という理想の象徴から観光資源まで、その位置づけは揺れ動き、撤

* 7　潁原澄子『原爆ドーム　物産陳列館から広島平和記念碑へ』（吉川弘文館、2016）など参照。

去か保存かの判断も二転三転したことは周知の通りだ。

そのような状況の中、保存へと舵を切る手がかりのひとつになったのが、丹下健三による広島平和記念公園の計画だった。なぜならば、それは図1・12に示すように、原爆ドーム、原爆死没者慰霊碑、そして広島平和資料館を一直線に結ぶ配置を提案したものであり、この計画が実施されることによって、原爆ドームの存在をなくすことが難しくなったからである。原爆ドームを残すための根拠と、広島平和資料館などの新たな設計の根拠との間に、相補的関係が築かれたというわけだ。

つまり、原爆ドームに対する歴史的評価や政治的・社会的評価、さらには観光資源としての経済的評価などが錯綜した状態が、古い原爆ドームという建築と、その存在を手がかりとして誕生した新しい建築によって調停され、原爆投下という歴史の継承が実現したのである。時間軸上の異なる点を接続するこのような「空間の再編」こそを、本書ではリノベーションと呼びたい。

逆に、歴史の接続が断たれようとしている光景が図1・13だ。阪神淡路大震災によって被害を受けた神戸阪急ビルの解体現場である。

この建築は、コンクリート工学の黎明期を支えた阿部美樹志によって高架橋とともに設計され、1936年に完成した。阪急神戸線の三宮駅であり、映画館「阪急文化」も併設され、神戸の人々にとってはさまざまな思い出が詰まった建築であった。

多くの人たちが解体工事を見つめていたが、彼らの視線の先には、消えつつある建築だけでなく、それぞれの懐かしい思い出があったに違いない。人々は、その記憶とその器が失われていく辛い事実に耐えていたのである。震災による被害が大きかったとはいえ、残念な結果であった。

「形あるものはいつか消える。残るのは記憶だけだ」というような言い方があるが、少なくとも私たちが暮らす空間に関しては、「形あるものが消えると、記憶も消える」というべきだろう。家の近くに突然更地が出現しても、昨日までそこに何が建っていたのか思い出せないという経験は誰にもある。われわれの記憶は、空間に多くを依存しているのだ。リノベーションという論理は、まさに、記憶と空間の関係を持続し、進化させるための道具である。それを使いこなすことによって、リノベーションは、これからの知的で自由な社会のデザインを実現する可能性と同義の言葉になるだろう。

図1・13　解体工事中（1995年）の神戸阪急ビル

第2章 リノベーションの企画

2・1

使い方から発想する

1. ストックは新たなアクティビティの受け皿

　戦後、日本の建築界はつくることに邁進し、多くの建築ストックを蓄えるに至った。これからは建築や都市を「つくり、まもり、育てる」時代になっていく。今ある建築や都市を使いながら必要に応じて改変をして、次の世代へと手渡していく企画と実践が求められる。

　住宅であれば日々の暮らしの中で壁に棚をつけたり、壁紙を変えたりするし、家族のライフステージの変化に合わせて間取りやしつらえを変える。これと同じようにオフィスではワークスタイルの変化にともない空間を変え、学校では教育の方法が変われば教室のありようも変わる。かつては物を売るだけのスペースだった商業施設も体験も売るとなれば空間を変える必要が生じるのである。

　さらに昨今では、建設当時の設定が機能不全に陥り使われなくなっている建築ストックも多い。2013年には住宅の空き家率は13.5%を記録した。この空き家問題で取り上げられる住宅ストックは再活用と撤去の両面での対応が待たれている。また、少子化にともない廃校となる小学校や中学校が増えている。消費スタイルの変化によって地方の中心市街地の商店街には空き店舗が大量に生まれ、産業の生産・物流システムの変化によって多くの工場や倉庫が余っている。このような遊休化したストックを新たな使い方、アクティビティの受け皿となる資産

と捉え、発想していくことが肝要だ。

2. マーケットを創造せよ

　建築の企画には、すでにできあがっているマーケットにぶら下がるタイプと新たなマーケットを創造するタイプがある。

　建築単体だけを考えるならば、周辺エリア[*1]でニーズの高い使い方として再生すれば良いように見えるが、実はそうではないケースも多い。たとえば集合住宅の再生を考えているとしよう。ワンルーム住居がたくさんある場所で、そこそこ良い賃料で借りてもらえそうだという調査結果を持って、ワンルームマンションとしての再生を考えたとする。これで良さそうであるが、実は周辺エリアの状況を観察してみるとすでに供給過多で賃料が下がり始めているというケースは多々ある。ここにさらにワンルームを供給すれば自ら過当競争に参加し、エリアの住宅マーケットに悪影響を与えることになりかねない。このような「マーケットぶら下がり型」の企画は建築単体としての短期的な再生には成功するが、長い目で見るとエリアの活力を消耗してしまう危険性があることを認識しておかなくてはならない。

　大切なのは潜在的なニーズを掘り起こし、将来的にエリアに新たなマーケットをつくり出す「マーケット創造型」の企画である。先ほどの例えに戻って話を進めてみよう。ワンルームが供給過剰だとわかればそこは回避して別のことを考える。周辺のマンションの使われ方を観察してみて事務所利用がいくつも見られたとすれば、この場所で働きたい人がい

---

*1 「エリア」という言葉の定義については第12章の*2参照。

図2・1　共有の打ち合わせ室のある小さな事務所ビル「ビジネスインのむら」（設計:SPEAC）　図2・2　「ビジネスインのむら」のミーティングスペース

て、オフィスのニーズが潜んでいることがわかる。すると、この集合住宅をオフィスとして再生するという選択肢が見えてくる。周辺に先行事例がなければリスクが高いようにも見えるが、オフィスとしての再生がうまくいけば、そのエリアに働く場所をつくるという新たな解決策が生まれる。

当座の失敗リスクは低いがエリアの価値向上には貢献しない「マーケットぶら下がり型」の企画にするのか、先行事例には乏しいが、エリアの新たな価値につながる「マーケット創造型」にするのか、判断は常にこの間で揺れる。調査や検証を行いリスクを下げながら、少しでも「マーケット創造型」に近づけることが大切だ。

3. 空間とアクティビティを同時に創造せよ

建築の企画に携わる者は、人々の暮らし方、働き方、遊び方などさまざまな活動をつぶさに観察し、ニーズに応える、あるいは新たなニーズをつくり出す必要がある。空間とアクティビティを同時に創造するのである。

2つばかり例を挙げよう。1つ目の事例は小さな事務所ビルだ。スタートアップしたばかりの小さな企業は日常の作業にそれほど大きな部屋を必要としないが、打ち合わせやプレゼンテーションの場所には常に頭を悩ませている。小さなオフィスの集合体に共有のミーティングルームがあればこうしたニーズに応えられる。ビジネスホテルを個人や少数精鋭の企業向けのオフィスに転用した「ビジネスインのむら」にはシェアオフィスと15〜30m^{2}ほどの部屋貸しのオフィスがある（図2・1）。この転用の計画では貸室であるオフィスの他に無料で使えるミーティングルームが用意されている（図2・2）。小さな企業向けのオフィスでテナントが退去してしまう理由は、手狭で打ち合わせのスペースが確保できない不便さに起因するケースが多い。このミーティングスペースは賃料を生まないが、これがあることで長く借りてもらい稼働率を上げる役割を担っている。

2つ目の事例は宿泊施設だ。世界中を旅するバックパッカーは観光名所を巡るばかりではなく、訪問先の人々の暮らしに触れたいのである。宿のロビーが地元の人たちも訪れるバーラウンジになっていれば、旅行者は自然とその土地に暮らす人たちと交流することができる。東京・蔵前にある「Nui」というホステルはまさにその典型だ。倉庫に付属した駐車スペース兼荷解き場を改装してつくった1階のラウンジでは海外からの旅行者と周辺の会社に勤める

第 2 章　リノベーションの企画　21

図 2・3　地元のワーカーと世界からの旅人が楽しめるホステル「Nui」のラウンジ（設計：アズノタダフミ）

人たちが入り混じりながらビールを飲み、音楽を聞いている（図2・3）。この事例は蔵前というまちに新しいアクティビティをつくり出しており、ここをきっかけに周辺にもお店ができ始めている。

このようにアクティビティと空間を同時に創造することは、潜在しているニーズに対する問題解決である。空き家や空室があることを問題と捉え、その解決のために空間を整えるというのは、印象の良くない空間をなんとかしたいという要請には応えているが、実は建築やまちの再生までには至っていない。建築を再生しようとするならば、まず視点をまちや社会に向けて潜在的なニーズを探り、それに応えることに空間を用いるようにすれば良いのだ。このように企画できれば、建築に新しい使い方を与え、それに即した空間デザインが導ける。

2・2
建築再生がまちに必要なわけ
──事業性からの見立て

1. 事業性が問われる時代

かつては建築が完成した後の事業がうまくいかなくても土地の価格上昇分で損失をまかなえる時代があった。しかし、現在では土地の価格は上下動をしながら、徐々に下がる傾向にあり、かつてのような前提で事業を進めることはできない。建築には建てた後にそこでの事業が成り立つかどうかということが厳しく問われている。

賃貸住宅のような不動産事業であれば、どのくらいの賃料でどのくらい部屋が稼働するのかで収入が決まり、管理や修繕にどのくらいの費用がかかるのかで支出が決まる。そして建物から得られる収益で土地代や建設費を回収していく。全体面積に占める賃貸部分の面積の割合（レンタブル比）が低すぎれば収益は上がらない。しかし、少々レンタブル比を下げてでも使い手の喜ぶ共用部分をつくれば、その魅力に応じて賃料を上げることが可能である。素材選びも建設時のイニシャルコストだけではなく、竣工後のランニングコストまで含めて考えると、単に安いものを使って建設費を抑えるよりも耐久性の高い素材を用いたほうが良いケースも多い。設備も同様にランニングコストまでを考慮に入れるほうが良い。このように事業性は建築のプランニングや素材選びに左右されるのである。

こうした考え方は既存建築の再活用事業においても同じである。新築と改修の違いはすでにそこに建築があるかないかである。既存の建築には構造や平面計画、デザインなどさまざまな制約がつきまとう。しかし、既存建築の構造躯体が補強をともなってでも再利用可能であれば、新築に比べて事業にかかる初期投資を抑えることができる分、有利に新しい事業が始められるケースも少なくない。

2. インキュベーションの場としての古い建物の可能性

違う角度から話をすると、まちの中で新しい独自性のある店が生まれたり、新しい活動が立ち上がるのは、たいていが古い建物を活用した場所である。ジェイン・ジェイコブズが「まちが多様性を持っていきいきとした状態を保つには新旧の建物が程良い

＊2（次頁）　ジェイン・ジェイコブズ著、山形浩生訳『アメリカ大都市の死と生』（鹿島出版会、2010、p.214）

割合で混在している必要がある」と言った理由はここにある[*2]。古い建物の活用は初期投資を抑えて起業や新規事業のハードルを下げる。つまり、古い建物がまちに新しいコンテンツを生み出すインキュベーション（起業支援）的な役割を果たすのである。

新しいコンテンツが生まれないまちは若い世代に選ばれない。そうするとやがて高齢化地域となり衰退してしまう。かつては夢のまちだった多くの郊外住宅地の現在を見ればそれは明らかであろう。新しいコンテンツが生まれる場所がまちには必要なのだ。そうした場所になりうる可能性を既存ストックは秘めている。

建築の再生はひとつの建物や空間の再生にとどまらず、まちを健全に維持していくために必要不可欠なことなのである。

2・3
さまざまな用途へのリノベーション

1. 既存建築の特性を活かす

上述したように遊休化した建築ストックの使い方を考えるときはまちや社会に目を向け潜在的なニーズを見つけることが必要だ。一方で既存建築にはつくられたときの設定があってプランや断面が決定されている。すでにある空間という前提と新しい使い方をすり合わせることで建築が新たな形で再生する。

極論をすれば既存建築は物理的にはどんな用途にでもリノベーションできる。しかし、事業的な健全さや建築関連法規を考えると、元の建築の特性を活かす方が賢明だし、建築に刻まれた歴史も継承できる。どんな用途の既存建築がどんな用途で再生されているのか見ていこう。

■ **社員寮→シェアハウス**

東京の原宿にある「The Share」の主な用途はシェアハウスだ（図2・4）。元の用途はというと社員寮。たくさんの個室が並び、キッチンや風呂が共有となる点は改修前後の用途に共通している。そうすると構造躯体だけでなく間仕切りの壁もそのまま使えるところが多く、改修工事費を節約し利回りを高くできる。

■ **空港→ショッピングモール**

愛知県小牧市の名古屋飛行場国際線ターミナルは中部国際空港に役目を譲った後、ショッピングモール「エアポートウォーク名古屋」として転用されている（図2・5）。実に大胆な転用だが、吹き抜けを介して各フロアがつながっている点や大らかな屋根の下に広がる最上階の空間は空港当時の面影をたくさん残している。実は空港のターミナルとショッピングモールの空間は似ているのだ。空港では長い通路の脇にお土産店や飲食店が並んでいるが、この形式はショッピングモールと同じだ。

■ **倉庫→事務所**

工場や倉庫は転用することで時に贅沢な空間を生

図2・4　The Share（総合企画・監修：リビタ、設計：ジーク）

図2・5　エアポートウォーク名古屋（基本計画：日建設計、設計：竹中工務店）

み出す。「THE NATURAL SHOE STORE オフィス」は倉庫から事務所兼ショールームへの転用だ（図2・6）。天井高が2層分以上はある倉庫の大きな空間の中にガラスの箱が置かれた大胆なプランで、実に大らかで贅沢な執務・展示空間が生まれている。これほど階高の高い部屋をつくろうとすればコストがかさむため、通常はなかなか実現しづらい。もともとあった空間を活かすことで実現した、リノベーションならではの空間といえる。

■ 倉庫→ホステルなどの複合施設

広島県尾道市にある「U2」は倉庫をサイクリスト向けのホステルやカフェ、レストラン、ショップなどの入った複合施設に転用した事例だ（図2・7）。生き生きとした複数のアクティビティが2層分の天井高を持つ古色をまとった空間を共有している。港湾施設としての歴史とサイクリストのカルチャーを大らかさの中で同時に感じることのできる贅沢な場所だ。

■ 火力発電所→美術館

ロンドンにある「テート・モダン」は火力発電所を美術館に転用している（3章図3・6）。かつてタービンのあった天井高の高い空間が巨大な展示スペースになっている。これもリノベーションならではの空間だ。

■ 住宅→住宅

もちろん、用途を変えずに再生できるケースも多い。「1930の家」は築80年を経過した住宅の再生だ（図2・8）。天井や間仕切りを取り除くことで庭と連続した開放感のある空間をつくり、水回りのレイアウトを変えて、現代のライフスタイルに合わせ、賃貸住宅として再生した（4章で詳述）。

「豊崎長屋」（図2・9）は、大阪の都心部に残る大

図2・6　THE NATURAL SHOE STORE オフィス（設計：Open A）

図2・7　U2（設計：SUPPOSE DESIGN OFFICE）

図2・8　1930の家（設計：SPEAC）

図2・9　豊崎長屋（設計：大阪市立大学 竹原・小池研究室、撮影：絹巻豊）

正時代の長屋を再生している。既存建築の良さを丁寧に残しながら耐震補強を施し、現代生活に馴染むようにプランニングすることで古き良き町並みと暮らしの文化が次の世代に引き継がれた（6章で詳述）。

2. 手段としてのリノベーションのメリット

こうしていくつか事例を挙げてみるとリノベーションのメリットが見えてくる。

・事業費用を抑えることができること
・既存建築を活かすことでしかつくりえない空間ができること
・歴史や記憶が継承されること

逆にいえば、これらのメリットが引き出せない場合は総合的に判断し、取り壊すという選択肢もある。リノベーションにはさまざまなメリットがあるが、リノベーションはあくまでも建築のひとつの手段であり、目的ではない。

2・4
リノベーションの実現に向けて

1. 事業性の確認

社会やまちの潜在的なニーズに応える使い方にはどんなものがあるか、建築のプランニングはどうすれば良いのかといった検討を行ったり来たりしながら建築の再生計画はまとまっていく。

何らかの事業を行う用途へのリノベーションにおいて計画のリアリティを高めるには、ある程度のまとまりが見えたところで、事業性を確認しなくてはならない。その計画での収入はどのようにして得るのか、また、その額はどのくらいでどのように推移していくのかを想定する。さらに、その収入を得るために必要な人件費や備品代などの経費を想定し、どのくらいの利益が出るのかを計算してみる。この

段階で利益が出ないのであれば、収入を得る方法や経費を抑える方法を再検討する必要がある。それでも利益が見込めないのであれば再生計画は実現性の乏しいものとなる。

利益が見込めるようになったら、次に構造補強や設備の更新、内装の更新などの工事コストはどの程度になるのかの想定が必要となる。こちらの作業には設計や施工の経験値のある人に協力してもらう必要がある。工事にかかる費用（工事費や設計料など）は上述の利益で何年ほどで回収可能なのかを確かめる。古い建物を活用する場合は次の修繕が比較的短い期間で必要になる可能性もあることから、初期投資の回収期間は5年以内を目安にするのが望ましい（これはあくまでも目安で構造補強や外装の更新の程度でさらに長期で考える場合もある）。

事業費の回収期間が長すぎたり、回収が見込めない場合は残念ながらそのリノベーション計画は中止するべきである。一時しのぎの公的な補助金などで工事までは可能なこともあるかもしれないが、事業として成立していないとその後の継続が見込めず、税金の無駄使いとなってしまう。空間のデザインと事業のデザインの双方が求められる。

2. リノベーションに関わる最低限の建築法規
■検査済証の有無と用途地域の確認

この段階で実現に向けてもうひとつ避けて通れない検討事項が建築関連法規だ。

現在の日本の建築関連法規は新築を前提としてつくられ運用されてきた。それゆえに法的な制約がネックとなり有効な活用ができないケースが多い。

建物の用途を「特殊建築物」[3] と規定される用途に100㎡以上転用する場合は確認申請が必要となる。申請には建物が竣工したときに法適合を確認したこ

---

[3]　特殊建築物には不特定多数の人が出入りする公共性の高い用途が該当する。建築基準法第2条二号によれば「学校（専修学校及び各種学校を含む）、体育館、病院、劇場、観覧場、集会場、展示場、百貨店、市場、ダンスホール、遊技場、公衆浴場、旅館、共同住宅、寄宿舎、下宿、工場、倉庫、自動車車庫、危険物の貯蔵場、と畜場、火葬場、汚物処理場その他これらに類する用途に供する建築物」と定められている。
　一方で、戸建て住宅や長屋、事務所は特殊建築物に該当しない。これらの用途への転用は確認申請の必要がないということになる。

とを示す検査済証が必要となるが、実はかつては検査済証の取得率がかなり低く2000年代に入っても新築の建物の半数に至っていなかったのである。現存する多くの建物は検査済証がなく、大胆な転用をともなう活用ができない状態で放置されている。こうした状態を改善すべく国土交通省は2014年に「検査済証のない建築物に係る指定確認検査機関を活用した建築基準法適合調査のためのガイドライン」を公表し、既存建築物が当時の法規に違反していないこと[4]を確かめた調書をつくれば確認申請を受けつける方策を示したが、まだまだ成果は上がっていない。

また、都市計画法は用途地域を定め都市を用途ごとにゾーニングしているが、これによる機能不全も起きている。たとえば第1種低層住居地域は閑静な住宅街を形成する用途地域だ。この用途地域では学校や図書館はつくれるが店舗や事務所が実質つくれないように規定されている。住居併設で全体の2分の1以下かつ50m²未満の店舗や事務所しかつくれないのだ。働く場所も買い物をする場所もつくりづらいのでは、若い世代の流入は見込めず、建築もまちも再び使われることなく朽ちていってしまうだろう。たとえば、邸宅街にある貴重な住宅ストックは宿泊やウェディング施設に転用できそうである。しかしながら、邸宅の多くは低層住居地域にあり、用途がかなり限られ、転用が難しいため、新たな使い手が現れにくく存亡の危機に瀕している。

この他にもさまざまな法的ハードルが存在するが、建築再生に取り組む際は、まずは上述通り対象となる建築に検査済証があるか、その場所の用途地域でつくれる用途が何であるかをまず把握する必要がある。もし検査済証がなければ、既存の建物の調書を作成して確認申請を出すか、それが困難な場合は、法規を遵守する前提で確認申請が不要な範囲での再生に抑える必要がある（2018年3月現在）。

■ **用途変更の計画における法規上の注意**

また、検査済証がある場合でも建物の用途が変わる場合には特に注意が必要だ。

建築基準法では建物の用途や規模ごとに満たすべき基準が異なる点も忘れてはならない。例えば事務所用途では窓の大きさに関わる採光面積の規定はないが、住宅系の用途では当該居室の床面積の1/7、保育施設では1/5というように規定がある[5]。階段幅や蹴上や踏面についての寸法も用途や規模によって基準値が異なる[6]。窓の大きさや階段の幅などは構造躯体に関わるケースが多く変更が容易ではないので、計画の初期の段階で確認しておきたい。

使い方を考える際には法規を理解して工夫した計画をすることが必要である。

＊4　当時の法規には適合していたが、現行法規に適合しない状態のことを「既存不適格」という。
＊5　建築基準法28条、建築基準法施行令19条、20条
＊6　建築基準法施行令23条、24条、27条

第3章 リノベーションのデザイン

3・1
リノベーションと場所

　建築は動かない芸術であり、一度建てられると壊されない限りはそこにあり続ける。空間と時間を内包して、その場所に建ち続ける。リノベーションするということは、一度建てられた建築が重ねてきた時間とその建築の空間を引き受けた上で、今後も建ち続ける建築を改めて考えるということだ。

　建築はある敷地に建つ。その場所から何が見えるのか、どこから光が射してくるのか、その土地にはどのような歴史があるのか。場所の特質は、その土地に固有の歴史や文化、風土により形成される。建築が建つ場所を深く読み込むことで、その場所から動くことのできない建築に固有のものが生まれる。

　新築の場合に読み込む対象は何も建っていない更地であり、その一見何もない場所から、その背景にある歴史や地形、その土地の特徴を探っていくことになる。リノベーションの場合、新築と異なるのは、その場所にすでに何らかの建築が建っているということである。そのため、状況はより複雑であることが多い。

1. 状況を読むこと

　リノベーションを始めるときには、状況を読むことが重要になってくる。敷地について読み込むことはもちろんだが、それ以外にも、その場所に建つ建築についての理解が必要である。

　建築を使ってきた人はどのような想いを持っているのか、これまでどのような歴史を刻んできたのか、いまは使われていないとしたらなぜか、何か問題を抱えていないか。建築はいつ建てられたもので、構造形式は何か、現在の法律に合っている部分と合っていない部分はどこか、耐震性能はどの程度あるのか、老朽の度合いはどうか。

　建築の状況を把握する技術的な手法はさまざまにあり、それぞれ目的とすることが異なる。まずは、現地を歩きまわってその場所を体感する。そして、実測調査をして図面をつくりながら、状態を把握する。古地図や古い写真などの資料を通して建築の来歴を知る方法や、関係者へのヒアリングから、新たなことがわかる場合もある。これらは、基本的に目視や計測を中心として行う非破壊による調査である。建築について調べていくと、疑問はつきない。さまざまな問いを建築に投げかけ、そこからリノベーションが始まる。

2. 状況を変えること

　リノベーションとは、いまの状況を変えることである。そこにある建築や場所、使われ方に対して、改修、あるいは、増築、減築、移築、用途を変えるなど、何らかの手法で変化をもたらす。過去から未来へ続くその建築の時間軸の中で、最も適していると思われる判断を現在においてすることになる。

　アイデアをふくらませたり、歴史や周辺環境、他地域の事例を調査することで想像力を補ったりして、過去のこと、将来のことについて考えを深める。

3. 状況を受け継ぐこと

　築年数が古くなればなるほど、建築はまちの風景の一部になっている。ある建築を改修するということは、その建築が刻んできた時間の流れを引き受け

ることになる。流れを断ち切る、受け継ぐ、飛躍させる。さまざまな態度があるが、建築を改修すると同時にその建築の歴史、さらには、建築が建つまちを変化させることができる。

そう捉えると、リノベーションを計画する際には、新築と比較して壮大な歴史と簡単に関わることができる。たとえば、築100年の古民家を改修した場合、改修する時点から新しい歴史が始まる。同時に、これまでの100年の歴史はそこで終わるのではなく、その歴史の積み重ねを今後に引き継ぐことができる。さらに、その古民家が地域の歴史の中で重要な役割を担っていたとしたら、改修によって建築を使い続けることができ、地域の歴史の流れを引き継ぐことができる。

改修をした時点から、建築の時間が流れ出すのではなく、それ以前からの時間の積み重ねの上に新しい時間を付け加える。より大きな時間の流れの中で建築を捉えることができるのである。

3・2 建築の大きさを変える

リノベーションでは建築や空間の大きさを変えることができる。建築をより高くしたり、より大きくしたり、より小さくしたりできる。空間をつなげたり、見かけの大きさを変えたりできる。

1. 建築を増築する

「増築」とは、既存の建築に何かを付け加えることである。これは、すでに建築があるからこそできる行為であり、リノベーションだからこそ可能となる手法である。増築という行為により、床面積が単純に増えることになる。建築がわかりやすく豊かになり、比較的受け入れられやすい手法であるといえる。

増築という手法を選択する理由には、「手狭になったから面積を増やしたい」ということが考えられる。しかし、ここで気をつけなくてはいけないのは、建築の床面積が増えるということは、外部空間の面積が減っているということであり、建築の密集度が増しているということである。床面積は豊かになったが、光が入らなくなって、結局、快適さが減じてしまうということも起こりえる。

増築することになった原因や理由を踏まえた上で、増築前の状況を把握し、増築後の状況を想像して、全体のボリュームを検討することが大事である。

たとえば、建築家のフランク・ゲーリーの自邸の改修では、住宅地の普通の住宅に増築をすることで、自分らしい住まいを手に入れている（図3・1）。フランク・ゲーリーについてのドキュメント映画『スケッチ・オブ・フランク・ゲーリー』（2005年）では、ヒゲを剃っているときに暗かったので、天井に穴を開けて、光を入れてヒゲを剃ったという挿話が紹介されている。この自邸において、増築部は既存の建築に絡みつくように構成されており、上部から大胆に光が降り注ぎ、さまざまな方向に空が見える。普通の家をぐるりと取りまくように増築することで、家とまちとの間に外部と内部の中間のような、新しい場がつくり出された。

2. 建築を減築する

「増築」の反対が「減築」である。一般的に考えると、床面積を減らす行為であり、利点がないように思えるかもしれない。しかし、床面積を減らすことで効果的な改修ができる場合がある。

図3・1 フランク・ゲーリー自邸の模型。周辺にあるフェンスなどの安い材料を使って、普通の住宅にさまざまな要素を加えている（模型制作：河原彩花）

たとえば、減築すると室内の床面積は減るが、減った分の外部の面積が増えて庭やテラスが広くなる。減築した部分には光が差し込んでくることになり、建築が密集した市街地などでは、トップライトのような効果を得ることができる。

たとえば、図3・2の大阪の町家の改修事例では、横道に面した建築の一部を減築して新たな入口を設けている。L字型をしていた建築を2つに切り離して、その間に門をつくる。切り離した部分の壁は、内壁から外壁になり、そこから光や人が入ってくるようになった。減築部分の床下に隠れていた井戸は、陽のあたる庭の隅に位置するようになり、子どもたちの格好の遊び場になった。

こうして、まちに対して閉鎖的な建ち方をしていた建築が、まちに対して開くという構えを持った建築へと変化した。建っているものの一部を壊すという行為だけで、今まで建築の裏側だった部分が入口のある表側になるという大きな変化が起こったのである。

図3・3は、築35年の住宅を改修した「Hの減築」である。この改修では、郊外の住宅地にある200坪を超える広い敷地に建つ2階建ての住宅の2つの平屋部分について、1つの外壁を撤去して半透明なものに交換して半屋外にし、残りのもう1つの外壁をすべて木製建具に変更して細長いホールのような用途の決まっていない場所としている。

建築家の木村吉成と松本尚子は、これら2つの操作について、既存の住宅に「実体の減築」と「用途の減築」を行っていると説明する。ひとつの役目を終えて住宅が空き家になっているという状況を踏まえた上で、減築によって、広い庭と建築との接し方や外部環境の取り込み方を調節している。そして、家族が暮らすだけではなく、趣味や仕事などの活動を住宅の中で行うことのできそうな余地をつくり出している。時間を経て現代のライフスタイルに合わなくなった住宅に、新しい暮らし方ができる自由を

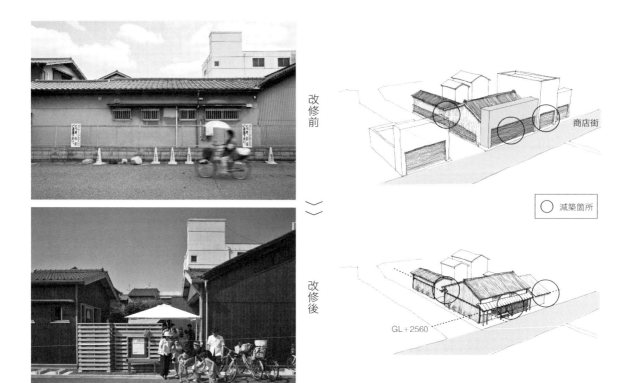

図3・2　嶋屋喜兵衛商店（大阪市住之江区）。道路に面した3か所を減築して、3つの新たな入口をつくり出す（設計：ウズラボ＋大阪市立大学小池研究室、2015年（I期）、作図：中谷春香）

減築によってつくり出しているといえる。

単純に面積を減らすこと以外の効果を減築によってもたらすことができる。柔軟な発想で既存の建築を読み解く方法のひとつが、増やすことと減らすことの両面からリノベーションを考えることである。

3. 部屋の大きさを変える

建築の大きさを変えなくても、部屋の大きさを変えることができる。たとえば隣の部屋との境の壁を壊すことにより、部屋の大きさが変わる。2つの部屋をつなげて1つの部屋にすると部屋の大きさが2倍になり、小さな住宅が広さの面で贅沢な住宅になる。

大阪府住宅供給公社は、築40年を超えて空き家の増加が課題となっている団地で「ニコイチ」というプロジェクトを進めている。これらの団地の1住戸は約45m²で、家族で住むには手狭である。毎回、複数の提案の中から選ばれるプランにより、2つの住宅をつなげた90m²の広い住宅がつくられる。

しかし、2つの住戸をつなげるのは簡単なことではない。なぜなら、この団地は鉄筋コンクリート造で、2つの住戸の間に階段があるという階段室型の集合住宅である。2つの住戸の間には、階段や設備が入っていたり、構造壁があったりするため、壁をほとんど壊すことができない。そこで、ベランダで行き来するタイプ、廊下で行き来するタイプなど、難しい条件を工夫しながら取り組みが進められている。

厳しい条件におけるリノベーションであるが、図3・4のプランでは、玄関が2つあることと広さを生かして大きな2面開口のフリースペースを設け、人を招きやすいプランをつくっている。このような住戸では趣味の合う友人を招いたり、在宅仕事をしたりなど活動の幅が広がりそうである。図3・5の写真とプランは、「ふたつのリビングを持つ贅沢な家」と名づけられている。2つの住戸を一部分だけでつなげるという条件を活かし、V字型に続く長い壁面を設け、広がりをつくり出している。

これらのリノベーションは、空き家の増加という社会課題に対して、空き家をマイナス要因と捉えるのではなく、新しい価値を生み出すための余白として捉えようとする試みであるといえる。できあがった住戸は、広くて工夫された住まいとして人気を呼んでいる。

もう1つの事例として、イギリスのテムズ川に面して建つ美術館「テート・モダン」(図3・6)を紹介したい。2章でもこの美術館に触れている通り、テ

図3・3 Hの減築(滋賀県大津市)。上段:改修前の建物。下段:外壁をすべて木製建具に変更した平屋部分 (設計:木村吉成・松本尚子、2014年、撮影(下段2枚):田所克庸)

図 3·4 大阪府住宅供給公社による「ニコイチ」(大阪府堺市)。「来客者も招きやすいおもてなし空間のある家」(設計：京智健)

図 3·5 「ニコイチ」の「ふたつのリビングを持つ贅沢な家」(設計：堀井達也、奥田晃輔)

図 3·6 「テート・モダン」外観と内観 (設計：ヘルツォーク&ド・ムーロン、2000 年)

ート・モダンは火力発電所を美術館に改修した建築である。

以前はタービンホールであった大空間をそのままホールとして残すことにより、火力発電所のダイナミックな空間が美術館のメインホールとして機能している。来館者はスロープを下って建築に潜り込んでいくように歩きながら頭上の大きな空間を体験する。潜り込むという行為により、空間の大きさがより強調される。こうして、来場者は非日常的な空間を楽しむ。

外観では、垂直方向に伸びる煙突が目立っている。この煙突を強調する水平に伸びるガラスの箱が、夜間にはライトアップされて光の帯になる。古い煙突による垂直の造形と新しいガラスの箱による水平の造形の対比が印象的である。

この計画では、建築のボリューム自体はほとんど変化していないが、来場者が体験する部屋の大きさやランドマークとしての煙突の長さが改修によって強調されているといえる。

4. 寸法体系を変える

建築には、それぞれに固有の寸法体系がある。木造と鉄骨造、鉄筋コンクリート造ではつくることのできる部屋の大きさが異なる。住宅と音楽ホールでは、必要とされる部屋の広さや天井の高さが異なる。そして、それぞれの建築は構造形式や部屋の大きさ

第3章 リノベーションのデザイン　31

増築部

ホールに見える構造補強のブレースと棚

図3・7　緑道下の家（設計：大阪市立大学居住福祉デザインリーグ、2014年、写真撮影：多田ユウコ）

により規定される固有の寸法体系、言い換えると、グリッドを持つ。

　柱と梁の構造体がつくり出すグリッドや眺望の軸線、機能をゾーニングしたブロックの大きさなどが寸法体系を決定する。そのグリッドのリズムが心地良ければ、おのずから空間体験は心地良いものになり、グリッドが規則正しければ、空間体験は均質なものになるだろう。あるいは、基準となる寸法単位が大きいのか小さいのかにより、建築から受ける印象が変化する。近代建築の5原則をまとめたル・コルビュジエが独自の寸法体系であるモデュロールを駆使して空間を構成したように、建築を構成する基準寸法は各空間の寸法を決定し印象を左右する。

　リノベーションを通して、既存の建築の基準寸法を変えるのか、あるいは、既存の建築と改修部分の寸法を揃えるのかということを、空間を計画する際に考える必要がある。

　「緑道下の家」（図3・7）は、ニュータウンに建つ築40年ほどの鉄骨造の住宅のリノベーションである。空き家になっていた住宅に、庭の畑とつながるキッチンを増築し、耐震補強を施している。元の住宅は鉄骨の柱による3mのグリッドと部屋のインテリアを形成する900mmのグリッドで構成されていた。そこに、通常より細くて小さな寸法を持つ木造の柱によるキッチンを増築している。さらに、耐震補強の部材は手で握れる程度のサイズとなっている。

　通常は無骨な改修になりがちな増築と補強に対して、人が触ることのできる家具のような寸法の柱間や部材で新たな部分が構成された。元の建物の構造や規格を尊重しながらも、新しい部材や柱間の寸法を小さくすることで、日々の暮らしの中でより親しみを感じる空間となることが意図されている。

5. 人の動き方を変える

　リノベーションにおいて、動線を整理して人々の動きを計画することで、建築の物理的な大きさが変わらなくても、人が体験して感じる建築の大きさを

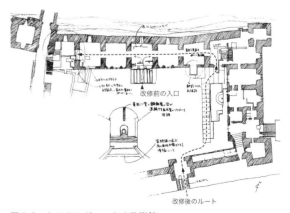

図3・8　カステルヴェッキオ美術館（設計：カルロ・スカルパ、1964年）の平面図（作図：伊達都）

手前が増築棟、奥に旧館が見えている　　　　　　　　　　　大階段
図 3・9　ロンドンのナショナルギャラリーの増築棟 (設計：ロバート・ヴェンチューリ、1991 年)

変えることができる。

　例として、カステルヴェッキオ美術館（図 3・8）を取り上げたい。この美術館は、中世の城郭が兵舎に転用されたものをさらに美術館に転用し、それを改めて改修したという美術館である。スカルパの改修によって入口は隅に移動し、来館者は脇からすっと入る。そうすると、建築の長手方向の端から端まで、アーチ型をした開口越しに視線が抜ける。建築の中央にあった改修前の入口から入ると、左右対称の威風堂々とした印象を建築から受けることになっただろう。しかし現在の来館者は、建築の中央部から中に入って両側を見渡す場合の長さと比べると、端からのひと続きの空間を 2 倍の長さとして体験する。そして、その長さがアーチの形状と光の濃淡により魅力的に見える。改修によって、建築の新しい魅力が引き出されたのである。

　ロバート・ヴェンチューリによるロンドンのナショナルギャラリーの増築棟（図 3・9）においても、増築棟と旧館を結ぶ結節部で同じような体験ができる。

　増築棟と旧館が円筒形のボリュームで連結されている。この結節点に立つと、旧館の部屋の連なりを見ることができ、ふりかえると増築棟のデフォルメされたアーチ越しに、増築棟の部屋の連続を見ることができる。旧館と増築棟が出会う場所で、新旧の部屋の連続を一望できるということは、建築の刻んできた時間の積み重ねを来場者に体験してもらう上で重要なことである。

　さらに、このナショナルギャラリーには、増築棟の平面図だけを見ると大きすぎる階段が 1 階から 2 階にかけて用意されている。しかし、増築棟だけではなく、旧館を含めた平面を考えると、規模や人の流れを想像できて納得できる大きさとなっている。このように、ナショナルギャラリーの増築棟では、旧館の存在を前提としてすべてがデザインされているのである。

3・3
使い方を考える

　リノベーションは建築行為であり、基本的に工事をともなうハードな側面を持つ。しかし、既存の建築の新しい使い方を模索する際には、ソフト面が重要な役割を果たす。改修工事をともなわずに、使い方を変えるだけで、建築が息を吹き返すこともある。

　空き家になるということは、その建築の使われ方と形態が釣り合っていないということである。新築の場合は、そのときに建築を建てて使いたい目的があり、その用途のために建築を建てる。しかし、リ

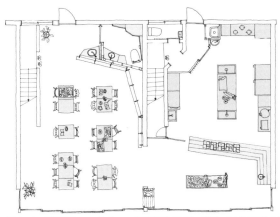

図3・10　「槇塚台レストラン」平面図と客席の様子（大阪府堺市）(設計：大阪市立大学居住環境デザインリーグ、2011年)

ノベーションの場合は、使われなくなった建築に新しい用途を当てはめることになる。別の使い方をするために適した建築かどうか、新しい用途の使い手がいるかどうか、十分な検討が必要である。既存の建築の特徴を掴んで転用（コンバージョン）することにより、効果的なリノベーションをソフト面から進めることができる。

1. 複合的な使い方をする

日本の人口は減少している。建築を使う人は減っていく。そのような状況下で、空き家や空きビルを使おうとすると、新しく単一の用途で空きスペースを使い切ることが難しい場合が出てくる。使いたい人の数より、明らかに過剰な空間が空いている場合である。

単一の用途で使うことが難しい場合でも、用途を複合させて、それぞれに使いたい人が集まり、それぞれに運営が行われることで、小さな活動が集積して大きな空きスペースを使うことができるようになる。

たとえば、「槇塚台レストラン」（図3・10）というニュータウンにある2軒の空き店舗をコミュニティレストランに転用した事例がある。まちの人が日常的に食べに来るレストランに加えて、配食サービスの厨房、貸し教室、ミーティングスペース、居酒屋などの複合的な使われ方を集積させながら運営が行われている。それぞれの活動に参加する人が緩やかに重なりながら、互いを見守っている。1つの場所を多様な使い方でシェアしている状態である。

このように複合して使われる空間をデザインするときには、どのようなことを考えればいいだろうか。ある目的のための空間は、その目的に特化してつくり込むことができる。しかし、用途が複合した空間では、可変性が求められる。この可変性を「人が空間に手を加えられること」と解釈して、完全に建築を仕上げずに利用者が手を入れられる余地を残すのもひとつの手法だ。槇塚台レストランでは、壁に置かれた木製ブロックをオープン時に利用者で並べた。このブロックは固定されておらず、ディスプレイしたいものに応じて移動する。ときどき子どもたちが積み木のように並べ替えて遊んでいる。

2. 空間をシェアする

複数の用途で1つの建築を使うことは、「シェア」という概念で説明できる。近年、コワーキングスペースやシェアオフィス、シェアハウスなどを利用する人が増えている。ある空間を所有するのではなく、部分的、あるいは、一時的に利用する。1人で所有するより、複数で利用するほうが豊かな設備を使えること、コストを抑えられること、利用者同士で交流できることなどの効果が得られる。

シェア空間に関する設計や著作で知られる成瀬友

図3・11 「経堂のカフェ併用住宅」（設計：成瀬・猪熊建築設計事務所、2016年）の1階カフェ。手仕事の跡が見える石膏ボードの壁が吹き抜けを介して2階に続いている。奥の多目的スペースは、使い方によってカフェの一部になったり、住宅の一部になったりする（撮影：長谷川健太）

図3・12 サックラー・ギャラリー（設計：ノーマン・フォスター、1991年）

梨と猪熊純は、シェアして使われる空間において、「仕上げてしまわないこと」を選択している。たとえば「経堂のカフェ併用住宅」（図3・11）では、構造用の合板をそのまま使ったり、通常は内装材を張るための下地になる石膏ボードに仕上げを張らず、段差にパテを薄く伸ばして平滑にした上に透明の塗装を施したまま使ったりという試みをしている。空間が最終的な完成形に至っていないことを仕上げで表現し、使われながら空間が変化していくことをデザインとして受け入れているのである。

3・4
素材とディテールで表現する

　古いものと新しいものをどう関係づけるか。リノベーションを行ういまの時点において選択したことが、建築の長い時間の中で、過去と未来を結びつける。既存の建築を評価した上で、新しく付け加える素材やディテールを決める。その際にも、歴史的な価値、文化財としての価値、使い手の愛着やニーズ、構造的特徴や老朽度、これらを読み解く。補修するのか、復元するのか、対比的に扱うのか、馴染むように添わせるのか。素材とディテールだけでもさまざまな態度がある。

1. 新旧の対比

　ロンドンの国立の美術学校に併設された美術館の一部を改修した「サックラー・ギャラリー」（図3・12）では、2つの既存の建築の間に人々が移動するために必要な階段とエレベーターが設置された。2つの建築の石とレンガによる外壁の間にガラスの屋根がかけられ、エレベーターと階段もガラスと鉄でできている。既存の2つの建築の間をガラスの階段とエレベーターで上下すると、既存の建築の外壁のレンガをじっくりと見ることになり、普段より間近で見る外壁の装飾に目が留まる。新館を歩くことで、改めて旧館の建築に注目が集まるのである。さらに、最上階では新旧が大胆に出会う。旧館の建築の最頂部が彫刻のための台座になっているのである。外壁の頂部は、屋上の端部で水を止めるという役割から、彫刻の台座へと大きく役割を変えており、2つの建築の間に挟まれたガラスの床の上で浮遊感と驚きを感じながら彫刻の鑑賞ができる。ここでは、石とレンガ、鉄とガラスという素材が明瞭に対比している。

2. 新旧の継続

　既存の建築の細部を観察すると、さまざまな発見がある。ディテールとは建築の細部のことであり、物と物が出会う部分をどう納めたか、その納まりのことを指す。建築のディテールによって、新旧の建築の関係性を語ることができる。

　ペーター・ツムトアによる「グガルンハウス」（図

第3章 リノベーションのデザイン　35

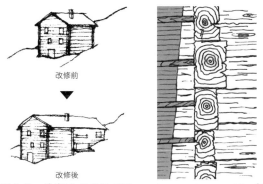

図3・13　グガルンハウス（設計：ペーター・ツムトア、1994年）。右図は外壁のディテール。古い木材と新しい木材（グレー部分）が出会う部分

3・13）は、木造の住宅の木造による増築である。新旧の部分で使われている素材はどちらも木材であり、使われている寸法も同じである。しかし、そのディテールが異なる。古い建築では、校倉造のように木材を積み重ねて外壁がつくられている。増築部分の外壁は板張りとなっているが、古い部分の木材の寸法を読み取り、新しい部分の板幅が決められている。こうして既存の建築と新しい建築を木材の寸法を操作したディテールで結びつけている。

3・5 時間をデザインする

　リノベーションの時間軸は長い。順々に改修すること、永遠につくり続けることも可能である。現時点から過去と未来を想像し、良質な建築ストックを次の世代へとつないでいく。リノベーションを通して、これまでとこれからの両方を感じられるデザインを探り続けることが重要である（図3・14）。

図3・14　リノベーションと時間について

参考文献
・加藤耕一『時がつくる建築　リノベーションの西洋建築史』（東京大学出版会、2017）
・R・ヴェンチューリ著、伊藤公文訳『建築の多様性と対立性』（鹿島出版会、1982）
・二川幸夫、二川由夫『世界現代住宅全集20 Frank O Gehry: Gehry Residence』（ADA、2015）
・木村松本建築設計事務所「Hの減築」『住宅特集』2016年2月号
・Ian Lambot, *Norman Foster, Buildings and Projects: Volume 4: 1982-1989*, Watermark Publications, 1994
・「R. ヴェンチューリ＋D. スコット・ブラウン：90年代の作品」『SD』1997年8月号
・成瀬・猪熊建築設計事務所「経堂のカフェ併用住宅」『住宅特集』2016年9月号
・「ピーター・ズントー」『a+u』1998年2月臨時増刊号
・『A/A Renovation Works』（大阪市立大学竹原・小池研究室、2012）

第2部
再生時代の計画学

時代の変化により、これまでのビルディングタイプが機能しなくなっている。そんな再生時代の建築計画では、既存の建築ストックの新たな使い方を考える必要がある。既往のビルディングタイプから
どのような書き換えが行われているのかを
企画、設計、運営など多角的な視点から解説する。

撮影：多田ユウコ

第4章 住宅のリノベーション
── プランニングと事業性

4・1
住宅のストックが増えた背景と課題

1. 住宅ストックが蓄えられた背景

日本の住宅ストックは第2次世界大戦後の住宅不足解消のために大量供給されたものが多くを占めるが、戦前のものも含めて大量のストックが蓄えられている。2013年の時点で空き家率は13.5%、空き家は820万戸を数える（図4・1）。

ストックとしての住宅はキッチンが住宅の中心となる前と後に大別できるだろう。これは核家族化の進む前と後ともいえる。その境目に位置するのは戦後復興期の1951年に食寝分離[*1]とダイニングキッチンを取り入れた東京大学の吉武研究室による「公営住宅標準設計51C型」である（5章図5・4参照）。これ以前の住宅は台所が家の端にあったが、これ以降に供給される住宅ではキッチンが住宅の中心へと移行していった。こうして、今日2DKと呼ばれる間取りの住宅がその後に大量供給されることとなった。その後、子ども部屋が一般的となりnLDKという夫婦と子どもの分の個室を持った間取りが一般化し普及した。

一方で大都市への就職や出稼ぎにくる地方出身者の住宅ニーズに応えたのが50〜60年代に大量に建てられた風呂なし・トイレ共同の木賃アパートである。

1968年に住宅の充足率は100%を超えていたが、その後も住宅の供給は続き、都心部ではワンルームマンションをはじめとした集合住宅が、大都市の郊外では核家族向けの戸建て住宅が大量供給された。

しかし、それらの多くは今日に暮らす人々のライフスタイルに合わなくなっているために選ばれない住宅となり、眠っている。中古住宅の再生と再流通が今日的な課題である。

2. 中古＋リノベーションという選択肢

家を手に入れるというと「新築」の戸建てやマンションの購入をイメージする人が多いが、住宅の入手にあたっては中古住宅を購入し、自分たちのライフスタイルに合わせてリノベーションするという方法が徐々に広がりを見せている。住宅選びは家そのものの広さや善し悪しに加えて、予算や立地を総合的に考えて進めるものであるが、その際に中古住宅を選択することで予算、広さ、立地の点で理想に近づける。中古住宅を選択することで抑えたコストの余剰分でリノベーションをすれば、出来合いで

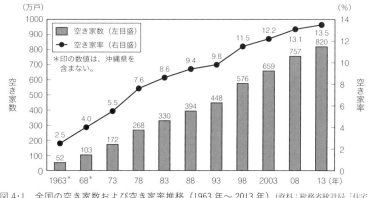

図4・1　全国の空き家数および空き家率推移（1963年〜2013年）（資料：総務省統計局「住宅・土地統計調査」（2013年は速報集計結果））

[*1] 寝る部屋と食事をする部屋を分離すること。西山夘三により、住宅の衛生面での最低限の条件として1942年に提唱された。

第4章　住宅のリノベーション——プランニングと事業性　　39

はなく、自分たちの好みの家に暮らすことができる。また、立地をうまく選べば、ある程度築年が経過したマンションは値が下がりにくいので、将来売らなければならない事情になっても融通が利きやすい。新築で購入しても数十年後には何分の1かの値段になってしまう家に比べると中古＋リノベーションというのは十分検討に値するのである。

4・2
変わる住宅像

我が国の住宅は食寝分離、個室の確保により一定の質を担保してきたが、子どもが独立した後の夫婦やディンクス[*2]のような少し贅沢な2人暮らし、子どもが1人の3人家族、あるいは職住一体型のSOHO[*3]ニーズにフィットした住宅は多くない。このため、既存ストックをリノベーションしてそうしたニーズに応える事例が多い。プランニングの点では個室の数の削減とLDKの拡充を行うリノベーションが多い。

典型的なのは集合住宅のベランダ側の部屋がDK（あるいはLDK）ともう1間に分かれている「先割れプラン」と呼ばれる住戸において、ベランダ側の2室を間仕切り壁を取り除いて1室とする間取り変更である。これによりベランダ側の複数の窓から光が差し込む広がりのあるLDKが確保される（図4・2）。

戸建ての住宅ではキッチンを家の中心に据えオープンキッチンにする例が多い。特に戦前の住宅ではキッチンが家のメインの部屋から離れたところにあるため、現代の生活に馴染まず、キッチンの移動が最優先課題となることが多い。

また代替わりで住み手を失った住宅が賃貸化されるケースも多々ある。こうした場合はその部屋がいくらで貸せるのか、どのくらいの事業費をかけてリノベーションを行うのか、何年で事業費が回収できるかなど事業収支を見て計画を立てる必要がある。

4・3
既存住宅を現代のライフスタイルにフィットさせる

1. 部屋数よりも広がり優先に
—— Casa Dourada

■リビング優先のプランニング

先割れプランのマンションの1室をリビングの広がり優先でリノベーションした事例を紹介する。

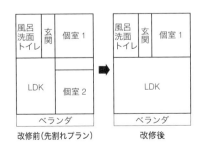
図4・2　典型的な先割れプランの改修

図4・3　「Casa Dourada」改修前

図4・4　「Casa Dourada」リビング（改修設計：SPEAC、2011年改修）

＊2　共働きで子どものいない夫婦。Double Income No Kids の略。
＊3　自宅を兼ねるなどした小規模な事務所で仕事をする形態のこと。Small Office / Home Office の略。

図4・5 「Casa Dourada」平面図（改修後）

この事例では元あった先割れプランの3LDKの間仕切りをすべて撤去した上で、眺望や風通しを意識しながら、空間を緩やかに分節し3人家族のための家としている。個室よりも家族が一緒に過ごすリビングを優先したプランニングとなっている。また、収納や水回りを収めたボックスを空間の仕切りとして配置することでプランニングをしている。ボックスの配置は空間の広がりや眺望への抜けを意識して行われた（図4・3～4・5）。

ボックスは針葉樹構造用合板に金色のメタリック塗料を薄めて塗った仕上げで、光の変化に応じて表情を変える。改修により、空間には朝から夕方まで四季を通してさまざまな光が入るようになった。ボックスは直接日光が当たると木目が輝き、弱い光だと木本来の質感が感じられる。

■ **不動産的な価値を考慮して中古＋リノベーションを選択**

この住まい手は住戸の購入に際して、将来的に貸す、あるいは売るかもしれないということを考慮している。東京の山手線の駅が最寄りで、桜並木が見える好立地であり、築年がさらに経過しても値下がりしづらいこと、賃貸とした場合に賃料でローンの返済が賄えることを勘案して購入し、リノベーションを行っている。

2. 引き算のデザインでリノベーション——1930の家

■ **ニーズと既存のポテンシャルに寄り添うプランニング**

築80年の戸建て住宅を賃貸向けにリノベーションした事例。対象となったのは東京都世田谷区の経堂駅から徒歩15分ほどのところにある1930年に建てられた平

図4・6 「1930の家」改修前内観

図4・7 「1930の家」リビング （改修設計：SPEAC、2012年改修）

第4章 住宅のリノベーション——プランニングと事業性

図4・8 「1930の家」平面図（改修後）

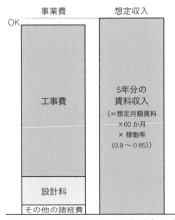

図4・9 想定収入と事業費の比較

家の住宅である。改修前、建物は経年の変化で傷みや汚れが激しく庭は鬱蒼として暗かった（図4・6）。また、台所が家の隅にあり、若い世代のライフスタイルには合わず、新たな賃借人を迎えることが困難になっていた。

リノベーションにあたっては周辺の状況から新たな住民を小さな子どものいる世帯、あるいは職住一体型の暮らしをする人と設定。プランニングでは玄関脇の洋室を事務所として使えばSOHOとして使えるように想定している。デザインはこの古い住宅の良さを際立たせるように余計なものを引き算していく形で行われた。経年で飴色になった木材や、職人技の建具や左官壁、広い庭など現状の中からこの住宅の持っている良さを抽出。プランニングでは庭とのつながりを最大化するために、庭への視界を狭めていた壁を撤去し、大きな縁側を設けた。内装は既存の天井を撤去し、小屋組を現しにして大らかなリビングをつくっている（図4・7）。家の中心に据えられたキッチン以外はこれといって目立つ新しい要素を用いずにそこにあったものを再編集することでできあがっている（図4・8）。

■ リノベーション事業費を想定収益から逆算

このリノベーションでは事業の投資額が想定される賃料の5年以内に収まるように計画された（図4・9）。まず、設計内容を決める前に周辺の賃貸住宅の相場から期待賃料を定めた。その5年分の金額よりも事業費が大きくならないように改修の設計を行っている。5年分としているのは古い建物であるがゆえに、再び修繕による出費が必要になることを踏まえて早期に投資額が回収できるようにするためである。

3. 紡がれた時間を継承するために不動産企画から始める
——龍宮城アパートメント

■ 時間の奥行きを感じる空間をつくる

築約60年の「アパート龍宮城」は昭和の空気が色濃く漂う風呂なしの木造アパート。このアパートに共用ダイニングキッチンと水回りを設け「龍宮城アパートメント」として再生している。建物を残したいという現オーナーの想いを大切にし、昭和から未来へと引き継がれる共同生活の場をつくっている。

このリノベーションでは既存の間取りや造作を極力活かし、既存の特徴の延長線上に新しい空間を重ねるようにデザインすることで、

図4・10 「龍宮城アパートメント」（改修設計：SPEAC、2016年改修）共用ダイニングキッチン

図4・11 「龍宮城アパートメント」外観。改修部の外装はモルタル仕上げ

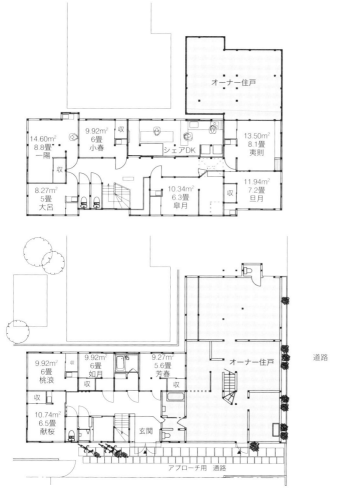

図4・12 「龍宮城アパートメント」平面図（下：1階、上：2階）

他のアパートやシェアハウスにはない時間の奥行きが感じられる空間をつくっている。

洗面台付きの10の個室は、船底天井[*4]の4畳半から2室合併の不思議な間取りの9畳の部屋まで個性豊か。これらと新しいダイニングキッチンからは昭和から現在までの時間の奥行きを感じることができる（図4・10〜4・12）。

■ 事業性を評価しながらのプランニング

この改修では、既存建物を活かして内装のコストを抑えつつ、耐震補強や断熱、設備等、建物性能を向上させる工事にコストを割いている。

計画にあたっては事業性評価を行いながら、リノベーションプランと耐震補強の方針を固めている。かけるコストが意味のあるものなのかを理解するには投資効率の確認が必要である。

まずはシャワー整備と内装修繕

＊4　中央部が船の底を逆さにしたように高くなっている天井。木の板や棒状の木材で仕上げられている。

第4章 住宅のリノベーション——プランニングと事業性

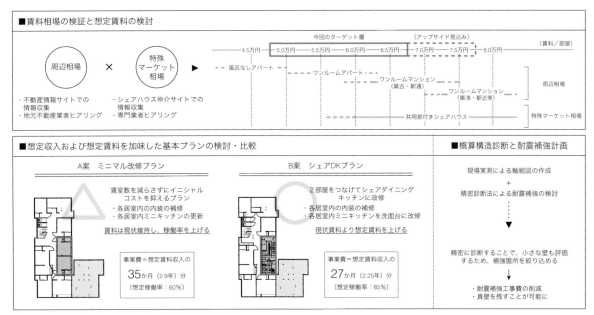

図4・13 「龍宮城アパートメント」不動産企画の概略

のみの案（A案）、共用ダイニングキッチンを設ける案（B案）について、賃料と稼働率、改修に必要な事業費の想定が行われた（図4・13）。賃料と稼働率は周辺の不動産調査から、改修費用は工務店へのヒアリングや設計者の経験値からの想定である。B案のほうが事業費は若干高く貸室の部屋数は12から10に減るが、共用部の充実により各部屋の賃料を高く設定しても高い稼働率が予想され賃料収入総額が多くなる分、投資効率が良いことが示された。この時点で必要となる事業費は想定賃料収入の2年分余りで、十分に投資対効果を見込める計画であることが確認された。次に耐震補強を施す場合の方法と費用を検討。事業費は当然増え、数字上の投資効率は下がるものの、入居者の安全確保や投資をする上でのリスク回避の意味でも耐震補強は意味がある。精密診断法により細かい壁の耐力も見込んで設計することで、工事箇所を減らし、コストを抑えつつ、真壁の意匠を残したいというオーナーの希望にも沿えることがわかった。検討の結果、事業費は家賃収入の約67か月分に収まり、事業として成立するであろうことを確認した上で耐震補強を施すことが決定された。

4・4
リノベーションがつくり出す成熟社会の住宅

リノベーションによって住宅の選択肢の幅は大きく広がる。すでに述べたように比較的立地の良いところを廉価に選択できたり、自分の好みのデザインや間取りが手に入る。

さらに、リノベーションによる住宅では耐震性能や環境性能を向上させながら、経年の変化によって蓄えられた風合いやこれまでそこに暮らした人たち（ときには家族）の思い出も引き継ぐことができる。暮らしの中に過去から現在までの時間の奥行きが感じられる住宅が生まれる。これからの人口減少時代で生き残る、選ばれ続けるまちには、このような住宅が増えるだろう。そのときこそ成熟社会にふさわしい住文化が培われる。

参考文献
・リクルート住宅総研編『「愛ある賃貸住宅を求めて」NYC, London, Paris & TOKYO 賃貸住宅生活実態調査』（リクルート住宅総研、2010）
・宮部浩幸「Casa Dourada」『新建築』2011年8月号
・宮部浩幸＋吉里裕也「1930の家」『新建築』2013年2月号
・宮部浩幸＋山中裕加「龍宮城アパートメント」『新建築』2016年8月号

第5章 住宅団地のリノベーション
── 多様なライフスタイルに呼応した住環境づくり

5・1
住宅団地の変遷と課題

1. 団地のマネジメント

我が国の住宅団地は、戦後の高度経済成長期に、都市の人口が増加し、戦争で住宅をなくした世帯や子育ての新しい世代が住む住宅などの住宅不足が喫緊の課題で、それを解決するために生まれた（図5・1）。多くの住戸を1つの区画に効率的につくるには、住戸を積み重ねた共同住宅や、戸建住宅を集中して建設したほうが良く、利便性の観点からも有利である。同時に、バスや電車等の公共交通機関の運行や周辺施設へのアクセス等を左右する道路整備などが可能となる特徴があった。

しかし約半世紀経った今、少子高齢化や空き家の増加という新たな課題を抱え、節目を迎えている。戦後から一貫して建設されてきた建物の空き家が急増する一方で、高齢者支援に加え、障がい者の地域移行支援、子育て支援などのための福祉施設の不足が進行している。

今、地域再生に向けて新しい入居者の住まいなどには多様なライフスタイルに呼応した計画やマネジメントが求められている。実際に、空き住戸や空き店舗をコミュニティで福祉的に活用する改修、高齢者や障がい者の自立生活に向けた支援住宅への改修、菜園のある生活を実現する改修、単身者に向けたシェアハウスへの改修、また異なる多様な世帯が住めるように、複数の住戸タイプを改修で挿入するミックストデベロップメン

図5・1　約50年前に開発された大規模団地。1967年に街開きした泉北ニュータウンは、大阪の郊外の丘陵地を開発した大規模な住宅地。住民のニーズに合わせて、中層や高層の共同住宅と戸建住宅を組み合わせて開発した（© Natsumi Kinugasa）

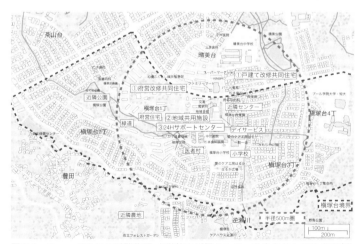

図5・2　ニュータウンの近隣住区。小学校や近隣センターを中心にして徒歩圏(半径500m程度)に約7000人が居住する住宅団地。当初は子どものいる世帯が多かったが、現在は空き家が目立ち、高齢者の世帯が多くなった。近年では高齢者や障がい者の支援だけでなく、若者や子育て世帯に向けたリノベーションも始まりつつある
（参考：泉北ほっとかない郊外編集委員会 編『ほっとかない郊外』大阪公立大学共同出版会、2017）

2. 近隣住区のリノベーション

住宅団地は、近隣住区の考えで計画がなされてきた。近隣住区とは、歩ける範囲（半径500m）の中におおむね人口1万人が住む住区を設定し、そこに必要となる公民館や学校、店舗などの商業施設や診療所などの医療施設を整備する考え方である（図5・2）。中学校や大きな病院やスーパーなど、より大きな人口規模を対象とするものは、ひとまわり広域なエリアの中で計画し整備された。開発の当初は子どもがいる世帯が多く、それに向けての整備であったものが、時代とともに子どもが育って外に出て、親は高齢化して地域に残っている状況になり、生活のニーズに変化が生じてきた。今、そのエリアのマネジメントが大切になっており、住宅の改修だけでなく、地域の中に必要とされる施設や機能を整備する必要が生まれている。

つまり、子育ての世帯だけでなく、単身世帯、高齢夫婦世帯、障がい者のいる世帯など、多様な世帯が共生できるような医療・福祉、子育てなどの日常的な生活サービスが集積したエリアを形成し、快適な歩行者空間を確保する居住エリアの実現が目標となっている。

図5・3は近隣住区の中に拠点をつくり、高齢者や障がい者、子どもが総合的なサービスを利用できる仕組みである（5・2節で詳述）。特に、地域の中で増えている空き家を活用して、福祉拠点をつくる「福祉転用*1」は、建物の有効利用というだけでなく、今までの住宅地の歴史や文化を引き継げるなど、住宅の中に色々な用途を組み込むときの制度・法律、所有と利用をうまく使いこなす工夫といえる。

図5・4 公営住宅標準設計 51C 型。「食寝分離」の考え方でつくられた我が国で初めての標準住戸

3. 共同住宅の住戸の変遷

住宅団地の中に建てられた共同住宅は、時代のニーズに合わせて変化してきた。公営住宅標準設計 51C 型（図5・4）は公営住宅法（1951年）により開発されたものである。食寝分離のDK（ダイニングキッチン）、寝室の独立性のための各室の押入れ、寝室間を隔離する壁、行水ができる場所等、特徴のある2DKで、当時としては画期的で、皆が憧れる新しいライフスタイルを提案するものであった。その後、規模が拡大し、LDK（リビングダ

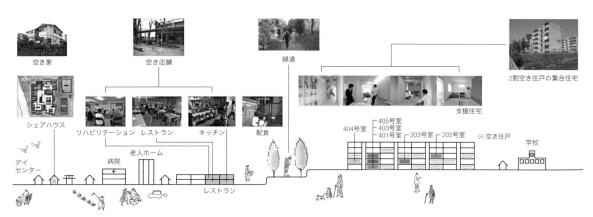

図5・3 近隣住区のリノベーション。近隣住区の中の空き家・空き店舗を活用して、レストランやデイサービス、高齢者支援住宅、グループホーム、シェアハウスなど、福祉的な機能を埋め込む

---

*1 森一彦ほか編著『福祉転用による建築・地域のリノベーション』（学芸出版社、2018）

イニングキッチン）を加えた住戸や、ガス給湯器、ユニットバスの開発、機械換気の進歩などにより、水回りを住戸の中心に配置して南面に2室をおく住戸など、そのデザインは変遷してきた。

5・2
多様なライフスタイルに呼応する実践例

1. 団地に福祉機能を埋め込む
―泉北ほっとけないネットワーク

泉北ほっとけないネットワーク（大阪府堺市南区）は、福祉転用による住宅地再生を試みた事例である。泉北ニュータウンの槇塚台地区（人口約7000人）で住民・NPO・大学・行政が相互連携する組織「泉北ほっとけないネットワーク推進協議会」を組織し、空き住戸と空き店舗を福祉サービス拠点に転用することで、高齢者・障がい者・子どもを含む地域住民生活を包括的に支援するための安心居住・食健康のコミュニティサービスを提供している。

図5・3のように、空き店舗・空き住戸を活用して地域レストラン（近隣センターの空き店舗2店舗、計230m²）、まちかどステーション（近隣センターの空き店舗1店舗、58m²）、生活支援住宅（府営住宅空き住戸7住戸、計300m²）、シェアハウス（戸建住宅1住戸、134m²）を整備し、見守りを兼ねた配食サービス、昼食、居酒屋の提供、各種サークル支援、食健康相談、健康リハビリ支援、ショートステイなどきめ細やかなコミュニティサービスを展開している。

図5・5は公営住宅をサポートの必要な高齢者に向けてリノベーションした、高齢者支援住宅である。既存の3DK（40.3m²）の住戸を、共用空間を挟んで2名の高齢者向けの居室（18m²以上）に改修したものである。床の段差をなくし、各室にトイレを設け、見守りの情報機器を取りつけるなど、高齢者対応の住宅にし、加えてミニキッチンや本棚など居心地の良さにも配

住戸タイプAの内観

住戸タイプBの内観

共用空間の内観

住戸タイプAの平面図

住戸タイプBの平面図

既存住戸の平面図

住戸タイプCの平面図

住戸タイプDの平面図

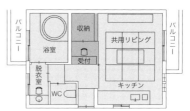
共用空間の平面図

図5・5 泉北ほっとけないネットワークの高齢者支援住宅。右上の既存の3DK（40.3m²）の住戸を、共用空間を挟んだ2名の高齢者向けの短期利用の居室（18m²以上）に改修。コミュニティに開放することで、高齢者のショートステイだけでなく、その家族などの宿泊や研修会など多様で臨機応変な活用がなされている（出典：日本建築学会編『空き家・空きビルの福祉転用』学芸出版社、2012）

第 5 章　住宅団地のリノベーション――多様なライフスタイルに呼応した住環境づくり　47

慮している。住戸の1つを共同利用のスペースとして、お風呂や談話室を設けている。

2. 郊外の住宅団地の改修事業
――たまむすびテラス

たまむすびテラスは、東京郊外の日野市にある住宅団地の改修事業である。1958年に日本住宅公団（現UR）が大都市における深刻な住宅不足の解消のために、雑木林や田畑を開発して2792戸の大規模な住宅団地を建設した。当時は最新設備に加え、食寝分離の可能な51C型プランなどの間取りの人気が高く、全体で約1万人の人口を抱える団地であった。

半世紀以上経った今は、老朽化にともなって団地内の247の住棟のほとんどが高層（6～13階、30棟、1528戸）の賃貸住宅に建て替えられたが、その中で最後まで残っていた5つの住棟を活用して持続可能なまちづくりを目指したモデルプロジェクトが実施された。あらかじめ民間事業者に土地建物を貸与した上で、新しい事業提案を求め、個々に改修が進められた。敷地を2棟、1棟、2棟の3つに分割して、選ばれた民間事業者3社が15～20年間の賃貸契約を結んで各事業者が企画・設計・改修・運営を行っている。

図5·6のように建ぺい率20％を下回る緑豊かな敷地環境をコモンスペースとして共有しながら「りえんと多摩平」は単身者向けのシェアハウス2棟、「AURA243多摩平の森」は菜園付き賃貸住宅1棟、

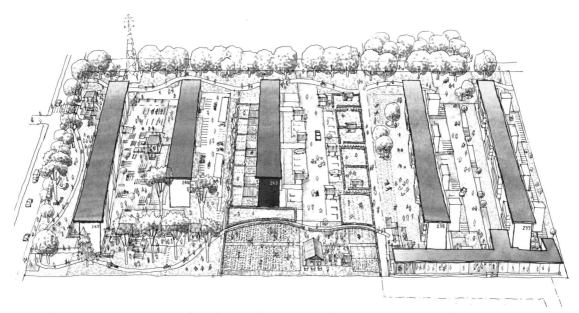

図5·6　たまむすびテラス。日本住宅公団（現UR）の大規模な住宅団地の一部を残して、菜園付き住宅（AURA243多摩平の森：中央）やシェアハウス（りえんと多摩平：左2棟）、高齢者向け住宅（ゆいま～る多摩平の森：右2棟）など多様なライフスタイルを反映した住宅団地に改修した（提供：株式会社リビタ）

図5·7　「りえんと多摩平」ウッドテラス

図5·8　「AURA243多摩平の森」コロニーガーデン

「ゆいま〜る多摩平の森」は高齢者賃貸住宅2棟の多様な住宅として再生された。学生や子育て家族、高齢者などが同じ敷地に住むことでミックスコミュニティ（mixed community）がつくられ、団地や周辺地域の魅力向上につながっている。

■ **菜園付き賃貸住宅**

「AURA243 多摩平の森」は、デンマークのコロニヘーブの生活をイメージした菜園付き賃貸住宅である。コロニヘーブとは、都会で暮らす人々が週末にゆっくりと花や野菜や果樹を育てたり、芝生の上で昼寝をしたり、友達を誘ってバーベキューをしたりする郊外スペースである。この共同住宅ではコロニーガーデン（図5・8）と専用の小屋を設け、菜園のゆったりした生活を想定している。住戸は、既存の居室2室と台所を一体化して、リビングとダイニングのつながったオープンな空間とし、それに寝室が加わる1LDKの構成になっている。

■ **高齢者向け住宅**

「ゆいま〜る多摩平の森」は、2つの住棟（計64戸）をサービス付き高齢者向け住宅32戸、コミュニティハウス31戸に改修し、さらに残りの1住戸と増築で生まれた2つの住棟の連結部分を、小規模多機能型居宅介護施設と食堂兼集会室に整備している。2つの住棟内で改修前後の住戸プランや改修方法、提供されるサービスとも同じであるが、入居者を市域外から広く確保するために、市域に限定する「サービス付き高齢者向け住宅」と広く入居者を募る「コミュニティハウス」の2つの運営形態が取られた。

既存施設の活用のため、住棟間隔は近年の共同住宅に比較して広く、全棟東西軸配置のため、全住戸に対して南からの日当たりが良いなど良好な環境条件を備えている。車椅子を利用する高齢者に対応するために、既存住棟の階段室を撤去してその部分をフラットに延長し、住棟北側位置に新たに廊下を設けている。その廊下に新しい階段2本とエレベーター2機を増築して、段差なく住戸までアクセスできるバリアフリーを実現している。この改修により、もともとの階段室部分が余裕スペースとなったことで玄関前にたまりの空間ができ、住戸の出入りの際にカートや車いす等が利用しやすい空間が生まれた。

玄関ドアの幅等には手を入れておらず、幅は狭いままである。また、住戸内の手すりは必要最低限として、入居者が別途手すりを必

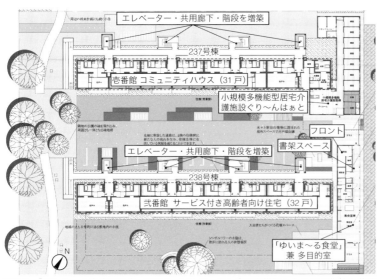

図5・9　「ゆいま〜る多摩平の森」平面図。エレベータと廊下を増設した2つの住棟を共用棟でつなぐ（提供：UR都市機構）

図5・10　2つの住棟の連結した部分の食堂にある居住者運営の図書コーナー

図5・11　住棟北側の階段室を撤去して新たに設置された廊下とエレベーター

第 5 章　住宅団地のリノベーション――多様なライフスタイルに呼応した住環境づくり　49

要になった場合には、各自で必要な箇所に設置することができるように壁の下地の工夫を施した。これにより、施設でなく、住まいらしさにつながるとともに、コストダウンにも貢献している。

　住戸の玄関と住戸内との段差については、1 階フロアは床レベルを落とす改修工事が可能であったため、玄関扉を開き戸から引き戸に変更し、外から室内へ段差なく入れる改修ができた。しかし、2 階以上の住戸では、排水管を通すために床のレベルを下げることは難しく、玄関の上がりかまち*2 と室内からバルコニーへの出入口に段差ができており、入居者らはバルコニーに簀の子を設置するなど個別な対処が必要となっている。

　2 つの住棟をつなぐ部分には居住者が運営する寄贈本の図書コーナーや食堂などが地域に開かれ、つながりが生まれる工夫がある。

■単身者向けのシェアハウス

　「りえんと多摩平」は単身者向けのシェアハウスで、階段室を 3 室 1 グループの居住ユニットが挟む構成で合計 142 戸のシェアハウスのコミュニティをつくっている。各室にベッドと机・収納を備え、キッチン・トイレはユニットごとに共有している。1 階部分には、共用のエントランスの他に、共用

図 5・12　単身者向けシェアハウス「りえんと多摩平」外観

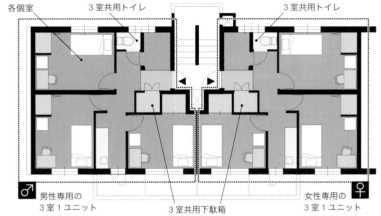

図 5・13　階段室を 3 室 1 グループの居住ユニットが挟む構成。ミニキッチン・トイレは居住ユニットごとに共有する（提供：株式会社リビタ）

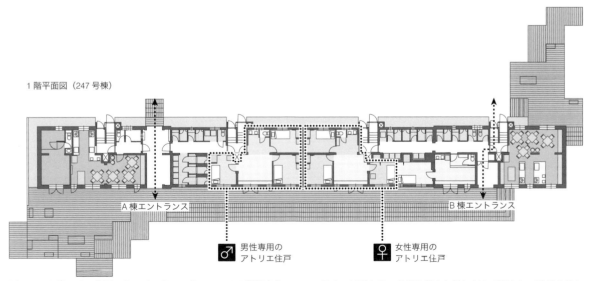

図 5・14　1 階には、共用のキッチンやワークスペースの機能を持つコモンラウンジがあり、外部の豊かな緑に対して開かれ、形状の異なるデザインのテラスが備わっている（提供：株式会社リビタ）

---

*2　玄関で靴を置く土間と、廊下やホール等との段差に渡した横木のこと。

のキッチンやワークスペースの機能を備えたコモンラウンジ、ランドリー・シャワールームが設けられている。コモンラウンジはどれも外部にウッドテラス（図5・7）があり、豊かな緑に対して開かれ、周辺環境との関係性の違いによって形状の異なるデザインとなっている。テラスは施設のコモンスペースとしてだけでなく、周辺街区の人々も含めたコミュニケーションの結節点となるように、塀を設けないで周辺に開かれている。

入居者は、男女問わず、年齢構成も20代から50代まで幅広く多様な人が暮らしており、プライバシーは尊重されながらも、コミュニケーションが生まれ、いざというときに助けあえる安心感のある住環境になっている。

3. ミックストデベロップメント
—— パークヒル

パークヒル（Park Hill）は、1960年代にイギリス・シェフィールド市に建設された962戸の大規模な集合住宅団地に、保育園やオフィス、福祉住宅の機能を追加して改修した団地再生の事例である。この団地は、産業構造の変化や治安の悪化などにともない社会問題を抱えるようになり、1990年代には解体の危機にあった。しかし、1998年にイングリッシュ・ヘリテッジ（English Heritage）のGrade II*の保存リストに登録されたことを契機に、シェフィールド市が再生計画を企画し、2004年に改修計画が始まった。2007年に第1期として駅に最も近い住棟の改修が始まり、2012年に完成した。建築保存の対象であるコンクリートの躯体のみを残し、それ以外を大幅に改修し、分譲56住戸、社会住宅26住戸が提供され、1階には保育

図5・15 「パークヒル」外観（左）、個室内観（右上）、外廊下（右下）

図5・16 「パークヒル」住戸平面図。3層ごとに4つのメゾネット住戸で居住ユニットを形成している

園やオフィスといったパブリックな機能が追加された。

　住戸計画では図5・16のように3層ごとに4つのメゾネット住戸で居住ユニットを形成している。多様な住戸プランがあることで、単身者や学生、子育て家族など多様な居住者が入居しており、出入口にはアルコーブや居住者が自由に使い方を決められる小さな空間（パーソナルロビー）を設けることで、居住者同士の交流を促す工夫がされている。

5・3
団地に新しい価値を創る

　開発から半世紀が過ぎたニュータウンを次世代に引き継ぐために、リノベーションが必要とされている。高齢化した団地を多様なライフスタイルに呼応した住環境に変える方法がリノベーションである。内装や構造の補強や設備更新だけでなく、それまでの地域の生活や文化も大切にして引き継がなければならない。多くの高齢者は住み続けることを願い、若者や子育て世帯は緑豊かな環境で利便性を備えた生活を希望している。今ある地域の資源を見直して活用することで魅力的な居住環境に再生することができる。住宅団地のリノベーションは、新しい価値を創り出す仕組みである。

参考文献
・大阪市立大学大学院生活科学研究科×大和ハウス工業 総合技術研究所編著（編集代表：森一彦）『エイジング・イン・プレイス　超高齢社会の居住デザイン』（学芸出版社、2009）
・齊藤広子、中城康彦『生活者のための不動産学入門』（放送大学教育振興会、2013）

第6章 長屋・町家のリノベーション
── 都市の木造住文化から始めるまちづくり

6・1 木造による建築ストック群

各地の都心部には、下町情緒のただよう木造住宅の街並みが残っていることが多い。たとえば、東京では「谷根千」と地域の頭文字をとって親しみを持って呼ばれる文京区から台東区の谷中・根津・千駄木のエリアにさまざまな時代の建物が残り、まちを散策する人でにぎわっている。大阪では、大阪駅から東に15分ほど歩いたところにある中崎町の年代を感じさせる街並みや路地が人気を集めている。鹿児島では、市役所の隣にある名山町という一画に木造長屋群が残っていて、まちで文化を発信する人たちの集まる場となっている。

このような都会の木造住宅群は日本の各地で見ることができる。東京ではJR山手線の外側周辺部を中心に広く分布している。大阪でもJR環状線の外周部に木造住宅群が残っており、都会の便利な住まいとなっている（図6・1）。これらのエリアは、戦災に遭わずに建物が焼け残った場所であり、開発から取り残された地域でもある。明治・大正・昭和初期に建てられた木造住宅が多く残る東京の谷根千や大阪の中崎町のようなエリアがある一方で、鹿児島の名山町のように、終戦後に建てられた木造住宅群が残存している場合もある。

1. 建築ストックとしての課題

木造住宅が独自の価値を持つ事例がある一方で、木造建築物の老朽化や防災性の低さが問題視される場合がある。老朽化した木造建築物が密集している地域は「密集市街地」と呼ばれ、対策が必要であるとされている。建物の不燃化、耐震性能を上げる、延焼しないように空地をつくる、地域の防災力を向上させるなど、さまざまな対策が検討されている。伝統的な木造住宅をリノベーションする場合は、このような課題を意識する必要があるだろう。

2. 古くて新しい都市型の住まい

高密度に人が住む都会の中で、路地や道路に直接面して家が建ち、隣の家と軒を連ねながら暮らす場である都市型木造住宅は、都会にある庭付きの住まいとして魅力がある。1階が店舗や工房になっている場合も多く、街なかで働きながら住むという職住一体の住まいとして活用されている。

それぞれの木造住宅は、伝統構法あるいは木造在来型工法で建てられており、軒下空間、縁側、格

図6・1 大阪長屋の残る街並み（豊崎長屋と路地、大阪市北区）（撮影：絹巻豊）

第6章　長屋・町家のリノベーション──都市の木造住文化から始めるまちづくり　53

図6・2　左より豊崎長屋・風西長屋の出格子、南長屋の前庭と床の間、縁側、2階縁側（いずれも撮影：絹巻豊）

子や手すりなど、細部のデザインが独特であり、懐かしさを感じさせる佇まいが愛好者を惹きつける（図6・2）。

京都や金沢では、これらの戦前の木造住宅を「京町家」や「金澤町家」として位置づけ、積極的に保存活用していこうとしている。金沢市によると、金澤町家は、気候風土に合わせた住まいであり、住まいと生業が共存する場として人々の暮らしを支えてきた歴史的な資源であるとされている。「京町家」は、歴史のある建物、周辺の街並み、立地の良さがあいまって独自の価値を持つ。観光だけではない京都との関わりができるセカンドハウスとしても需要がある。

都市に建つ伝統的な木造住宅は、建物単体の魅力はもちろんのことながら、まちに暮らしてきた人々の歴史や文化を引き継ぐ建物だということが重要である。都市の中における伝統木造住宅の残存状況はそれぞれ異なり、一連の住宅が街並みを形成している場合もあれば、まちの中に点在して残っている場合などもある。しかし、いずれにせよ、都市に建つ木造住宅をリノベーションすることは、住文化を引き継ぐことにつながり、その住宅が建っているエリアをより魅力的にする力を秘めている。それが都市型伝統木造住宅により実現できるリノベーションである。

3. 伝統の尊重

リノベーションする際には、木造住宅の特徴を知ることが大事である。伝統的な木造住宅は基本的に軸組構法でつくられている。軸組構法では柱と梁で構成される架構が構造となっており、そのジャングルジムのようなフレームを意識すると、建物全体の構成を捉えやすい（図6・3）。

なお、戦前の木造住宅は、軸組構法の中でも、柱と柱を横に貫いてつなぐ貫と竹を組んだ小舞下地の上に土を塗った土壁による伝統構法で建てられている。建物の足元は石の上に柱が建っている礎石建ちと呼ばれる形式の場合が多い。

一方、戦後の木造住宅は、柱と梁の間に筋交いを入れる木造在来型工法でできている場合が多数である。

壁の仕様には、真壁と大壁という2つの仕様がある。図6・6のように柱が見えているのが真壁仕様である。大壁とは、柱を隠して壁を仕上げる仕様であり、現代住宅はおおむね大壁仕様となっている。一般的には、柱や梁を隠さずに見せる真壁の意匠が木造らしい表現になる。柱を見せるか隠すか、そんなふうに考えると、デザインの取り掛かりが掴めることがある。

図6・3　長屋の軸組模型

図6・4　豊崎長屋・東長屋の小屋裏の丸太の梁（撮影：絹巻豊）

6・2
都市型木造住宅リノベーションの実践例

本節では、都市の建築ストックである木造住宅について、伝統を尊重しつつリノベーションすることで、まちづくりにつなげている特徴的な実例を見ていくことにする。

1. 長屋からまちをつくる
——豊崎長屋

大阪の都心部、梅田からほど近い場所にある「豊崎長屋」では、2006年から10年以上かけて、空き長屋を継続的に改修・耐震補強している。主屋とそれを取り囲むように明治・大正時代に建てられた20戸の長屋群があり、建物の老朽化や住人の高齢化が進行していた。空き家が増えつつあった長屋をリノベーションすることで、賃貸長屋に新たな入居者を迎え、長屋の持続的な活用に結びつけている事例である。

■ 伝統のモデュール

豊崎長屋では、100年近い伝統を尊重しながら、新しい暮らしの場となるように長屋を改修している。

改修の計画を立てる際に、各建物を調査し、元の建物の特徴を寸法に着目して解読すると、次のようなモデュールでできあがっていることがわかった（図6・7）。
① 柱と柱の間に敷かれている畳のモデュールは京間と呼ばれる寸法で、畳の短辺が3尺1寸5分（955mm）である。
② 鴨居の高さはすべて5尺7寸（1730mm）である。これは、京都の町家や大阪の長屋で一般的に使われている寸法である。豊崎長屋全体でも共通していた。
③ 4畳半や2畳という正方形の小間（小さな部屋）が襖で仕切られつつ連続するという続き間による平面構成を持つ。

これらは豊崎長屋の特徴であるが、各地の伝統的な木造住宅からは、それぞれの寸法体系を読み解くことができるだろう。

畳のサイズ、断面を構成する階高や建具の寸法、部屋の大きさなどを通して、既存の建物の寸法体系を把握する。そうすることで、リノベーション設計の寸法の拠り所が明確になる。

■ 小間と続き間

都市型の伝統的木造住宅の特徴とは何だろう。密集して建っていること、奥行きが深く囲われた前庭や中庭、裏庭があること、襖や障子で開閉できる続き間になっていること、軒が深く濡れ縁がある

図6・5　豊崎長屋 全景

図6・6　真壁と大壁の特徴

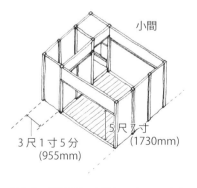

図6・7　豊崎長屋の小間とモデュールを表したアクソノメトリック図

図6・8　豊崎長屋・銀舎長屋の2階。襖を自在に移動できるように鴨居を増設している（撮影：絹巻豊）

こと、木製の建具、欄間や床の間の意匠、土壁などが挙げられる。豊崎長屋では、伝統を尊重しながら、現在の暮らしに必要な要素を足していくという方法で計画を進めている。

たとえば、襖や障子などの建具で、部屋を自由に仕切ることができ、部屋の大きさを自在に変えられることは、現代の暮らしにおいても便利である。襖のサイズが共通していることもあり、ある部屋から別の部屋へと襖を移動させることも簡単である。

図6・9の「豊崎長屋・南長屋」では、2階に床材の張り方による変化と欄間による緩やかな仕切りを持ち込んでいる。さらに、建具を開閉することによって、襖を取り払って大きく1室にしたり、襖を閉じて籠もれる雰囲気の部屋にしたりと変化できる。

■ 庭と減築

密集した住宅地においては、減築が効果を発揮する。なぜなら、密集して建っている住宅地では、小さくても庭の存在がとても大きくなるからである。通常の戸建住宅における建物と庭による図と地の関係が、都市型の木造住宅においては反転する。建物の周囲に庭があるのではなく、建物が建て込んでいる部分に、小さな庭がはめ込まれるようにある（図6・10）。

「豊崎長屋・南長屋」（図6・11）では、隣家と接していた部分を幅1mほど減築した。その結果、密集して建つ長屋の奥の最も暗い場所に光がさすようになった。「豊崎長屋・風西長屋」（図6・12）の裏庭は、改修前には屋根で覆われてなくなっていた。これを整理して庭を取り戻したところ、庭を介して、光や風が入ってきて、空や緑が見えるようになった。都会にいながら、高層ビルの間の空がとても近く感じられる。小さな庭によって外部空間の魅力が切り取られるように強調される。そんな特権が伝統的木造住宅には付与されている。

■ 土壁と設備

豊崎長屋では、土壁の素材感と、柱と梁、廻縁、棹縁、付鴨居などの木の線材をそのまま活かしている。その上で、これからの暮らしに必要な電気配線や照明、水栓を取りつけるための壁を大壁仕様で設けている。図6・13の照明がついている壁は真壁仕様の土壁の上に設備配線のための木製パネルによる壁を設けたもので、これを「ふかし壁」と呼んでいる。

なお、既存の木造住宅では、お風呂がない場合やキッチンが老朽

図6・9　豊崎長屋・南長屋

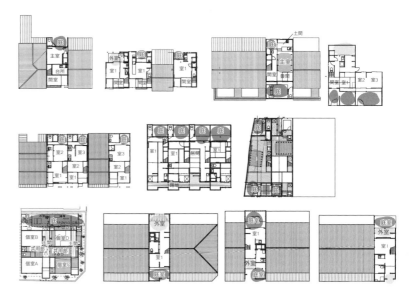

図6・10　豊崎長屋から始まった一連の大阪長屋をリノベーションしたプロジェクトの平面図（設計：大阪市立大学竹原・小池研究室＋ウズラボ、2006〜2017年）

化していることが多く、水回りの設備をどこに配置するのかにより、平面計画が大きく変化する。

■ **耐震補強のデザイン**

伝統的な木造住宅は、経年変化や時代のニーズの変遷により、現代住宅より性能が劣っている部分が見られる。すべての性能を完璧にすることは難しいが、リノベーションの際に、気密性能、断熱性能、防火性能、耐震性能などの現状を把握し、改修においてどこの性能を上げるのかを判断する必要がある。構造や設備、それぞれの専門家とチームを組んで取り組むことや、情報を共有しながら進めることが重要となってくる。

耐震性能については、都市型の木造住宅は細長い敷地に密集して建っていることが多いため、長手方向には壁が多くあるが、短手方向には壁がほとんどない場合が多数を占める。

短手方向の弱さをどのように補うか。壁を増設する、梁を補強する、耐震要素を増やす、シェルターを入れる。さまざまな方法が提案されているので、そこから最適な方法を模索する。

たとえば、築90年以上の大阪長屋に耐震のシェルターを入れ込んだ（図6・14）。通常、耐震性能を上げるための補強は、目立たないように施されることが多い。しかし、この耐震補強では杉の間伐材を用いて開発された耐震シェルターによる小さな部屋を、長屋の奥行きをより強調するように配置した。

住人はここでご飯を食べたり、映画を見たりと、家の中の中心的な居場所として、シェルターを使っている。耐震補強を隠さずにデザインし、建物の性能が上がったことをわかりやすく表現することは、安心感につながる。

■ **住宅からまちへ**

豊崎長屋の１住戸から始まった大阪長屋のリノベーションは、空

図6・11　豊崎長屋・南長屋の改修前後（撮影（右）：絹巻豊）

図6・12　豊崎長屋・風西長屋の改修前後（撮影（右）：絹巻豊）

図6・13　豊崎長屋・風西長屋（撮影：絹巻豊）

第6章 長屋・町家のリノベーション──都市の木造住文化から始めるまちづくり　57

図6・14 耐震シェルターを設置した長屋の室内 (撮影：多田ユウコ)

き家が出るたびに改修を重ね、2018年の時点で10住戸の改修が完了した。豊崎長屋を見学した他のエリアの長屋所有者がリノベーションを決断する事例も増え、大阪市内で20住戸以上のリノベーションが実現した。そこでは、従前からの高齢の入居者と新規の若い入居者との交流が生まれている。新規入居者は、あえて長屋に住みたいという人たちで、入居者同士の交流も始まっている。小さな住戸のリノベーションであるが、その影響はまちへと広がっている。

2. まちにつながるデザイン
　　──頭町の住宅

都市型の伝統的な木造住宅には、まちの歴史や暮らしの風景が色濃く残っている。これらの建物をリノベーションするということは、そのような歴史や風景を住み継ぐことである。

京都の建築家・魚谷繁礼は京町家のリノベーションを数多く手がけている。魚谷は、単体の建物をリノベーションするときに、まち全体を捉えながら設計をしている。たとえば、路地の奥にある長屋をリノベーションすることは、単体の建物だけではなく、京都の碁盤の目状の区画割（地割）の保全につながると指摘する。

「頭町の住宅」では、図6・15の路地を通っていくと、その奥に中庭のある住宅が現れる。表通りに面していない平屋の住宅と2軒の長屋の配置を整理している。小さな3つの住宅をリノベーションすることで、1つの住宅が生まれている。小さな住宅がまちの区画割を形成していることに改めて気づく事例である。

住宅の内部では、それぞれ庭に向いている平面構成をより開放的にし、さらに階段と吹き抜けにより立体的な開放感がつくり出されている。その立体的な吹き抜けに、既存の十文字の柱と梁が象徴的に建つ。この十文字の軸組は、改修によって大半の壁が大壁仕様になり軸組が隠れてしまった後で、伝統的な町家の軸組をより象徴的に見せている。

このように、都市型伝統木造住宅のリノベーションにおいては、住宅内部の造作から都市の区画割の構造までを一緒に考えることができる。

3. オープンな暮らしの器
　　──ヨシナガヤ

都市型木造住宅は、まちに直接面して低層で建っているため、ア

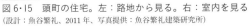

図6・15 頭町の住宅。左：路地から見る。右：室内を見る
（設計：魚谷繁礼、2011年、写真提供：魚谷繁礼建築研究所）

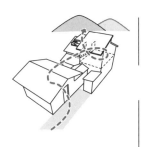

図6・16 「頭町の住宅」ダイアグラム (提供：魚谷繁礼建築研究所)

クセスが便利なことが多い。その結果、さまざまな用途に変更して活用されている。建物を住まい兼仕事場として利用すると、まちに対して仕事場部分で開くことができる。そこが、併用住宅の魅力である。まちに面して、働きながら暮らすことで、まちの人が気軽に立ち寄れるような暮らし方になっている。

大阪の建築家・吉永規夫は、この身軽な大阪長屋のリノベーションを「ヨシナガヤ」と名づけてシリーズ化し、大阪長屋の残し方をさまざまに提案しようとしている。

吉永の自邸である「ヨシナガヤ001」は、知り合いから借りた安価な家賃の長屋を自分たちの手で工事してつくりあげた住宅兼設計事務所である。平屋の長屋の小屋裏を含めた大きなボリュームをまるごとワンルームとして使いながら、住むことと働くことを大らかに共存させている（図6・17、6・18）。

都市型木造住宅をそのまま住宅として住み継いでいくには、賃貸住宅として住み継ぐ方法と、その建物を購入して所有するという2つの形態がある。

賃貸住宅の場合は、比較的家賃が安価で利便性が高く、他にはない身軽な住まいとなる。大阪では、江戸時代から都市型の木造賃貸住宅、すなわち、長屋に住んでいた人が多数を占めている。状況に応じて引越しを繰り返しながら流動的に都市で暮らす器が長屋であった。所有に縛られない暮らし方、そこにも長屋の魅力がある。

4. 集まって暮らす
　　──大森ロッヂ

低層で密集して住宅が建っているという形式には、中高層の集合住宅とは異なる集住の面白さがある。図6・19は大森ロッヂの賃貸住宅群の全景である。黒い下見板張りの外壁と木の塀が街並みをつくっている。8棟の木造賃貸アパートを順に改修し、2015年には、店舗付き住宅が新築で建築されている。店舗部分には食堂が入り、まちに住む多様な人が訪れる場所が生まれた。

これらは、プライバシーが守られた個室が並ぶアパートではなく、

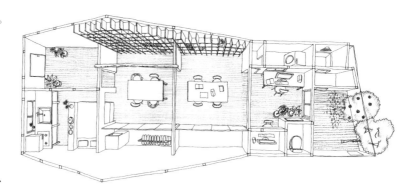

図6・18　「ヨシナガヤ001」平面パース（設計：吉永規夫、2014年、パース作成：岩元菜緒）

図6・17　「ヨシナガヤ001」内観

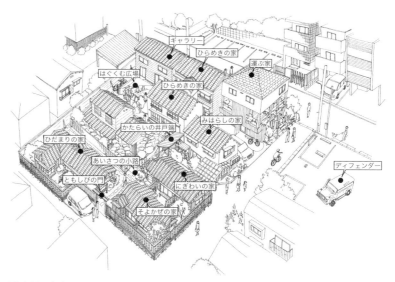

図6・19　大森ロッヂ（設計：ブルースタジオ、古谷デザイン建築設計事務所、2008～2015年）©古谷デザイン建築設計事務所

第6章 長屋・町家のリノベーション──都市の木造住文化から始めるまちづくり　59

共有スペースがあるシェアハウスでもなく、自立した住まいだが、集まって住むことで、大家と入居者による相互のゆるやかな関係が持てる。そこには、部屋の貸し借りだけではなく、交流のある暮らしの場を楽しむことができる住宅群にしたいという家主の夫妻の想いが反映されている。

6・3 都市型木造住宅の魅力を伝える

伝統的な木造住宅の魅力は、伝わりやすいようで、実はなかなか伝えるのが難しい。懐かしい、落ち着くという評価は得やすいが、実際に暮らしたり使っていく場として捉えると、魅力を想像できなかったり、抵抗があったりする場合がある。

しかし、実際に使っている様子を体験したり、話を聞いてみたりすると、古いだけではない魅力がすぐに伝わることがある。空き家の使い方、伝統的な木造住宅の改修の仕方を知ってもらうためには、実物を体験してもらうことが重要である。

長野県にある善光寺の門前界隈では、「門前暮らしのすすめ」として、リノベーションと並行してソフト面のさまざまな仕掛けを用意している。まちの魅力を案内人の視点から楽しめる「門前まちあるき」、空き家を見学して相談もできる月1回の「空き家見学会」、誰でも参加できる「まちくらしたてもの会議」など、多様な主体が参加型のプログラムを運営している。また、魅力を伝える冊子群も充実している（図6・20）。

大阪では、2011年より、「オープンナガヤ大阪」というオープンハウスイベントを開催している（図6・21）。現代のライフスタイルに合わせて長屋を活用した暮らしぶりや、改修のノウハウを年に1回公開している。テーマは「暮らしびらき」である。毎年、40会場以上がオープンし、実際の長屋

図6・20　善光寺門前界隈のリノベーションスポットをまとめた「古き良き未来地図」（改訂版）（企画・制作：オープンアトリエ「風の公園」）

図6・21　のれんを目印に長屋をめぐる「オープンナガヤ大阪」当日の様子と参加長屋をまとめた「記録集」の一部。イベント当日は長屋暮らしの様子を体験できる（企画・制作：オープンナガヤ大阪実行委員会＋大阪市立大学長屋保全研究会）

を体験してもらっている。住んだり使ったりする建物としての長屋の、言葉ではなかなか伝わらない魅力を実体験してもらう場となっている。

6・4
長屋・町家の魅力とまちづくり

都市型木造住宅の多くは、居住者の高齢化とともに老朽化・空き家化が進み、不良住宅ストックと見なされる一方、リノベーションにより創造的な暮らしを展開できる魅力的な住宅ストックとして、見直され始めている。

人口が減少して将来を見通せない時代において、大きな全体計画を策定して長期的に遂行することは困難である。しかし、古くからまちにある都市型木造住宅をリノベーションすることにより、既存の枠組みを越えた創造的で開いた暮らしを提案することにつながったり、積極的な空き家活用に結びついたりする。都市型木造住宅のリノベーションでは、小さな住宅を起点に、持続的な取り組みやまちづくりにつなげていける（図6・22）。

参考文献
・魚谷繁礼建築研究所『住み継ぐ家づくり 住宅リノベーション図集』（オーム社、2016）
・古谷デザイン建築設計事務所「大森ロッヂ 運ぶ家」『新建築』2015年8月号
・谷直樹、竹原義二『いきている長屋』（大阪公立大学共同出版会、2013）

図6・22 須栄広長屋の通り（左）と前庭（右）の様子。2回のリノベーションで、少しずつまち並みが変化している（設計：大阪市立大学竹原・小池研究室＋ウズラボ、2012〜2017年、撮影（左）：多田ユウコ）

第7章 古民家のリノベーション
—— 文化的価値への着目とその継承

7・1
古民家の文化的価値

1. 失われゆく古民家

　日本各地には、世界文化遺産に登録された飛騨高山の合掌集落（岐阜県）をはじめ、南部の曲家（岩手県）や、竹富島の赤瓦屋根の集落（沖縄県）など、気候風土に応じた多種多様な民家集落が分布し、それらにより地域性豊かで魅力的な景観が受け継がれてきた。しかし、高度成長期以降、伝統的な民家集落の大半が、大規模な都市開発や住宅の工業化の波にのまれて、姿を消してしまった。

　1975年には、こうした流れへの危機感から、従来の指定文化財制度に加え、歴史的な町並みを群として残すための仕組みとして、文化財保護法の中に新たに伝統的建造物群保存地区制度が設けられた。さらに1996年には、指定文化財制度よりもより緩やかで活用しやすい建物の保護制度として、登録文化財制度も導入された。これらにより、伝統的町並みや古民家を保護する仕組みが整備されたのは喜ばしいことであるが、一方で、これらの制度は文化財保護を本来の目的とするため、規制や補助の対象を基本的に建物外観の維持・保存に限定しており、利活用のためのリノベーションを積極的に支援する制度とはいえない。また、文化財的価値を明確に主張できる「優品」が対象となりがちなため、それ以外の市井の建築一般までは対象になりづらいのも事実である。したがって、今日でも古民家の多くは、機能主義的な価値観の中で、むしろ冷暖房効率や間取りの使い勝手、室内照度などの点で性能の劣る住宅として切り捨てられ、価値を見出される前に取り壊しの憂き目に遭っているのが現状である。

2. 古民家リノベーションの社会的意義

　一方、昨今ではU・Iターンによる田舎暮らしを求める人の増加や、リノベーションブームも重なり、メディア上で古民家の再生事例を目にする機会も格段に増えた。では、古民家をリノベーションし、使い続けることには、どのような意義や価値を見出せるであろうか。

　個人レベルでは、建設費の節約や、現代生活に対応した住環境の獲得という意義があることは言うまでもないが、加えて過去の居住者たる先祖等の記憶や、自身の思い出に対する「記憶の器」を後世に伝える意義が挙げられよう。

　一方で、より社会的な意義があることにも留意しておきたい。古民家は、地域社会の長い歴史の中で、周囲の景観と相互に関わり合いながら存在しているため、周辺環境がある程度保全されていれば、必然的に文化的景観や伝統的建造物群の一部をなす。このため、一個人の記憶を超え、集落や共同体レベルでの土地の歴史の記憶を、風景の中に刻み込む存在でもあるのだ。したがって、古民家の継承には、地域の個性と魅力を顕在化させ、地域再生のための手がかりを生むという意義も認められよう。だからこそ、改修の際には、古民家が生み出す景観の時間的連続性が安易に失われないように、形・スケール・素材・配置構成等に配慮した計画が求められる。

　そして、1軒の魅力的な古民家改修事例は、時として周辺一帯に刺激を与え、地域再生の起爆剤となることもある。とりわけ「がもよんにぎわいプロジェクト」（後述）のような用途転用をともなうリノベーションは、地域の空間的記憶の継承だけでなく、新たな地域文化の醸成までも、もたらすこ

3. 古民家の文化的価値

　せっかく古民家を継承するのならば、受け継がれてきた文化的価値を知り、その価値を尊重した継承方法を探るべきであろう。国登録有形文化財の登録基準（建築後 50 年を経過したもののうち、①国土の歴史的景観に寄与しているもの、②造形の規範となっているもの、③再現することが容易でないもの、のいずれかを満たすこと[*1]）に照らして考えるなら、まず古民家の屋根・壁・塀・植栽・屋敷構え等の敷地外から視認できる外観要素は、①として評価できよう。また、間取りや屋根構造などが地域性や時代性を反映している場合には、②として評価できる。さらには、すでに失われた技術や入手困難な材料などが用いられていれば、③としても評価できるだろう。とりわけ古民家においては、外観要素と地域性を示す要素が、文化的価値を測る上で重要である。

■ 素材と形態

　古民家が景観に及ぼす影響を考えると、外観に表れる素材と形態の選択は極めて重要である。文化財指定を受けていない通常の古民家の場合、機能性や利便性の面から、改修時の素材や形態の部分的変更は避けがたいであろう。しかし、たとえば塗り壁をサイディング材で覆ってしまうような改修は、住宅性能の向上に一定の効果があるものの、近景における景観継承にはマイナスに働く可能性が高い。また、たとえば茅葺から瓦葺への屋根葺材の変更は、葺材だけでなく屋根勾配＝形態まで変えてしまうため、近景に加えて遠景にも影響を与えるおそれがある。

　したがって、無自覚に外観を損なうことがないように、外観に表れる素材と形態の選択には十分に注意する必要がある。

■ 屋敷構え

　敷地における建物等の配置構成＝屋敷構えも、外観要素として重要である。母屋・納屋・離れ・蔵・門などの建物に加え、敷地を囲む塀・生垣・石垣なども、歴史的景観を構成する要素となる。

　たとえば、竹富島の民家では、周囲を石灰岩の低い塀とフクギの植栽で囲んだ敷地の中央に母屋を建て、その前面にヒンプンと呼ばれる目隠しの壁を設ける（図 7・1）。あるいは、兵庫県神戸市西区・北区の農村では、南面する母屋の東側に南北に細長い納屋を配置し、北側に蔵を置く形式が広く見られるなど、明瞭な地域性を示す（図 7・2）。改修を行う際には、こうし

図 7・1　竹富島の民家の屋敷構えとヒンプン

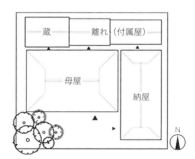

図 7・2　神出東（神戸市西区）の民家の屋敷構え

＊1　平成 17 年 3 月 28 日文部科学省告示第 44 号

第 7 章 古民家のリノベーション——文化的価値への着目とその継承　63

た地域性を理解・尊重しつつ、デザインを行うことが重要である。

■ **平面構成**

東北地方の古民家平面には三間取り（広間型）が多く、他の地域では江戸時代に三間取りから四間取り（田の字型）へと発展する傾向にあることが知られているが、このように間取りはしばしば地域性と関連する。たとえば兵庫県東部の摂津・丹波地域では、妻入で土間と座敷を奥行方向に必要に応じて延ばしていく形式（摂丹型）が多数見られるが、西部の播磨地域ではこの形式はほぼ見られず、平入で座敷を間口方向（桁行）に必要なだけ延ばす形式が大半である（図7・3）。こうした例から見ても、文化の継承という観点では、元の平面構成をなるべく生かした計画が望ましいといえよう。

■ **小屋構造**

古民家の小屋構造は、大別すると束組構造（和小屋、オダチトリイ組など）と叉首組（合掌）構造、またそれらの併用型に分類できる。小屋構造は葺材の種別とも密接にかかわっており、地域性や時代性が表れる箇所でもある。たとえば神戸市の茅葺民家の事例では、18世紀以前の古い事例に束組構造のオダチトリイ組が見られ（図7・4）、19世紀以降は叉首構造または併用型が大半を占める。こうした架構法の地域的特徴に留意し、補強する場合には、オリジナルの部材を明示的に残すことが望ましい。

■ **ディテールの地域性**

地域の特徴の表れるようなディテールには、地域的文脈を無視したデザインを無自覚に採用しないように、十分留意したい。特に屋根上の棟飾りの形式や町家のファサードの構成要素などの印象的な外観要素には注意が必要である。たとえば、袖壁の連続が特徴的な町並みに本卯建（ほんうだつ）や袖卯建（そでうだつ）を安易に設けてしまうと、キッチュな景観となる上に、かえって地域性を喪失してしまう危険がある（図7・5）。よって、改修時には地域的特徴をよく調べた上でデザインを検討することが求められる。

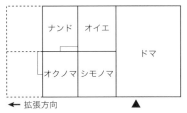

図 7・3　播磨型（上：平入）と摂丹型（下：妻入）の平面構成

図 7・4　旧内田家住宅のオダチトリイ組（神戸市北区、18世紀中期）

図 7・5　袖壁（左：兵庫県三木市）と袖卯建（右：香川県さぬき市）

7・2 古民家リノベーションの実践例

本節では、文化的価値の継承手法において特徴的な工夫が見られる古民家リノベーションの実例を見ていくことにする。

I. 間取りの継承と現代生活空間との調和——中井邸

 兵庫県篠山市中心部から北へ約15kmの農村部にある中井邸[*2]は、築80年ほどの平屋・桟瓦葺の古民家である。もとは医師の邸宅で、20年ほど空き家状態が続いていたが、2014年から翌年にかけて、現所有者である工務店社長の家族の居住用とするため、母屋と離れのリノベーションが行われた。設計にあたっては、神戸芸術工科大学と連携し、複数の学生案を融合して実施案が取りまとめられた。

■ 建築的・文化的特徴の把握

 中井邸の屋敷構え（図7・6）は創建以来、敷地中央に母屋を南面させ、前面に庭、北に離れを配置し、敷地全体を東西の蔵と南面の門・表長屋、および塀で取り囲んでいた。母屋は起り屋根の桟瓦葺・平入とし、西側の土間から東へ田の字型の畳敷きが続く平面構成をとり、北東側の間を床・付書院および坪庭（東側）を備えた格式の高い空間としていた。また、南の庭に面して縁側を設け、南立面の木部塗装には弁柄を用いていた。

 なお、かつてこの屋敷の若夫婦

図7・6 中井邸平面図兼配置図（改修前）（Ⓒ中井工務店）

図7・7 中井邸平面図（改修後）（Ⓒ中井工務店）

図7・8 中井邸母屋外観（改修後）（撮影：多田ユウコ）

---

*2 母屋の建築年代：昭和初期／改修年：2014〜2015年／改修設計・施工：中井工務店／デザイン監修：神戸芸術工科大学

第7章 古民家のリノベーション——文化的価値への着目とその継承　65

のために建てられたという離れは、6畳と4畳の2間続きの空間の周囲に縁側・土間・床の間・押入を巡らせた形式であり、欄間等に数寄屋風のモダンな意匠が施された瀟洒な建築である。

■ 破損状況

主要な構造材はおおむね健全であったが、礎石造のため柱の不同沈下と建物の歪み・傾きが顕著に見られた[*3]。また、屋根からの雨漏りに起因する畳や床板の腐食も見られた。このため、基礎の抜本的な改修と、腐食部材の交換が必要と判断された。

■ リノベーションの基本方針

改修時の設計にあたっては、次の方針が確認された。

・家族3名（夫婦＋小学生1名）の居住用であることを基本とするが、近所の親子連れが気軽に集まれるような地域コミュニティの拠点の場とすることも意図する。
・地域景観の継承を考慮し、敷地外から視認可能な外観は極力変えず、柱梁などの古材をなるべく残し、古民家としての文化的価値をなるべく尊重する。
・水回り、採光等については、現代的な生活に対応した室内環境に改良する。
・耐久性、安全性の確保を重視し、母屋全体を一旦ジャッキアップした上で基礎を全面的にやり直し、構造を安定させる。

■ 改修計画の概要

(1) 平面計画（図7・7）

田の字型平面の座敷は、連続性・可変性に優れる一方でプライバシーの確保が難しいため、LDKと応接空間を兼ねたセミパブリックな空間とし、個室は離れに確保して、母屋と離れを渡り廊下で接続することを計画の前提とした。そして、田の字型平面の原形を尊重して境界の小壁や欄間は原則的に残し、空間のヒエラルキーの高い北東の間を中心に、東半分の座敷をほぼ改変せずに多目的スペー

図7・9　東側から見た中井邸の外観

図7・11　母屋通り土間から入口を見る（改修後）（撮影：多田ユウコ）

図7・10　母屋入口から通り土間を見る（改修後）（撮影：多田ユウコ）

図7・12　母屋北東座敷の床の間と付書院（改修前）

図7・13　母屋と離れをつなぐウッドデッキ（改修後）（撮影：多田ユウコ）

*3　礎石造では独立した礎石の上に柱を立てるため、他より重い荷重がかかる柱は大きく沈下し、建物の歪みの原因となる。

スとしている。一方、西側半分は板の間とし、北側をアイランド型のダイニングキッチン、南側をそれに連続するリビングとして、板の間から離れまでウッドデッキを介して連続させる。これにより、南北方向の視線・動線の抜けを確保し、さらに、キッチンから浴室・洗面所へも板の間で連続させ、家事動線の利便性も確保している（図7·8〜7·15）。

(2) 室内環境向上のための工夫

古民家においては、室内の照度の低さがしばしば問題となるが、中井邸では現代生活に適した照度を確保するため、キッチン上部の天井を外して小屋裏まで吹き抜けとし、ガラス瓦を用いたトップライトから光を取り入れている（図7·16）。また、土間周りと板の間の壁面を全面的に白漆喰とし、畳の座敷の塗り壁も明るめの色彩に変更することにより、室内照度を向上させている。なお、トップライトからの採光は、母屋の屋根裏に新設したロフトの居住性にも効果を発揮している（図7·17）。

この他、桟瓦屋根の葺き替えに際しては、耐久性・耐震性に配慮して瓦土を廃し、新たに防水紙を用いる現代工法としている。また、老朽化した母屋正面の建具は弁柄を混ぜた塗料を用いてオリジナルのデザインでつくり直し、新たにペアガラスを入れることで断熱性能を向上させている。

■ 文化的価値の継承と
　リノベーションの両立

このように中井邸では、オリジナルの外観をほぼ忠実に継承し、屋根や建具の改良においても外観をほぼ変えずに済む仕様を選択している。また、内部空間においては、畳座敷の意匠と田の字型平面の融通性を継承しながら、水回りをつなぐ動線や、採光・照度を確保することで、現代生活への対応を実現していると評価できよう。

図7·14　離れ座敷から母屋側を見る（改修後）（撮影：多田ユウコ）

図7·16　ダイニングキッチンと吹き抜け（改修後）（撮影：多田ユウコ）

図7·15　田の字型平面の原形を生かしたダイニングキッチン（板の間）と多目的スペース（畳の間）（改修後）（撮影：多田ユウコ）

図7·17　ロフトとトップライト（改修後）（撮影：多田ユウコ）

2. 古材の残し方に見る歴史性の継承——大前邸

神戸市北区道場町平田の旧街道（くらがり街道）沿いに建つ茅葺民家・大前邸[*4]は、高速道路建設にともなう立ち退きのため、2014年に同じ旧街道沿いを750mほど北上した日下部地区に移築された。

18世紀創建の大前邸は、1997年に神戸市登録有形文化財の第1号となった貴重な遺構であるため、移築・再生後も文化財登録を継続するべく、文化的価値を極力維持する努力が払われた。ここでは、特に部材の残し方に着目して、大前邸の再生方法を見てみよう。

■ **敷地の制約と平面計画**

大前邸は、周辺に多い農家型の茅葺民家とは異なり、移築前から街道に面した町家形式をとっていた。よって、移築後も周辺環境との関係性を継承するには、前面道路に面した配置にする必要があったが、確保された移転先は敷地間口が元の敷地よりも狭かったため、そのままでは収まらないことが問題となった。このため、移築後の間取りについては、以下のように計画された。

・後世に増築された納戸・物置および書斎・水回り等を撤去することにより、創建時の間取りを明確化するとともに、建物間口を敷地間口の中に納める。

・居間、書斎、水回り等のプライベートな機能を敷地奥に新築す

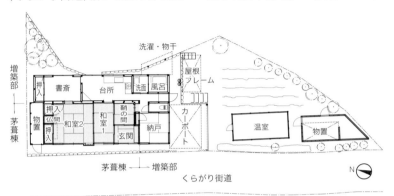

図7・18　大前邸平面図兼配置図（移築前）(提供：殿井直)

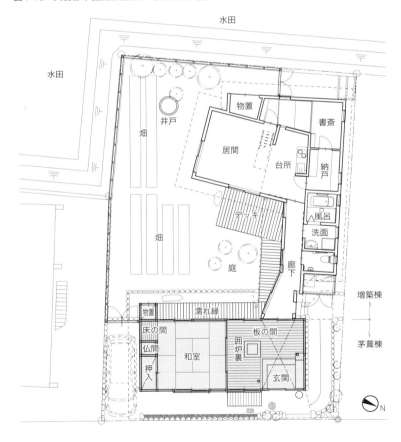

図7・19　大前邸平面図兼配置図（移築後）(提供：殿井直)

図7・20　大前邸外観（移築後）

---

*4　創建年代：18世紀／移築・改修年：2014年／改修設計：いるか設計集団／施工：あかい工房

る付属棟に持たせ、廊下で母屋の茅葺棟と接続する。
・茅葺棟は、主に念仏講やお茶会などで人が集まる、セミパブリックな空間として利用する。

■ **古材の継承における工夫**

文化財建造物においては、1本1本の部材がそれぞれ文化財であるという視点に立ち、オリジナルの材を極力残すことが文化的価値の維持において重視される。しかしながら、木材は虫害や水による腐食などが進行していると、構造材としての耐力が期待できないため、交換せざるをえない場合が多い。大前邸の場合も、専門家による調査の結果、残念ながら耐震性能を確保するためには、多くの古材を新材に取り替えねばならないことが判明した。とはいえ、単純に新材への取り替えを行ったのでは、空間の形のみの継承しかできず、オリジナルの部材が積み重ねてきた歴史の記憶はかき消され、新築同様になってしまう。とりわけ、梁などに鉞（まさかり）や手斧（ちょうな）による仕上げ加工痕が残る大前邸の場合、古材の単なる取り替えは、文化的価値の大幅な損失を意味した。

そこで大前邸では、以下の方針で古材の保存活用が図られた。
・牛梁、差鴨居などの象徴的部材はできるだけ元の位置におく。
・構造は新設柱と新設太鼓梁で支え、既存梁は化粧材として扱う。
・その他、転用可能な古材は転用して使用する。

この結果、軸組構造については図7・21の形で保存・転用されている。中でも、構造材としての役目を終えた古材の梁の扱いはユニークである。通常の文化財修理であれば、構造形式の継承を優先し、交換した古材は標本として別置保管するところだが、ここでは新材の太鼓梁の採用により牛梁を原位置に残し、他の梁も太鼓梁の間に化粧材として配置する。すなわち、あえて軸組の見た目の形式に変更を加え、古材の梁を引き続き梁として見せることを選択したのである（図7・22、7・23）。古材自体が伝えるかつての加工技術や、経年変化による時間の蓄積は、まさに既述の文化財登録基準にもある「再現することが容易でないもの」の典型であるから、それを生かした本事例の柔軟な発想は、注目に値しよう。

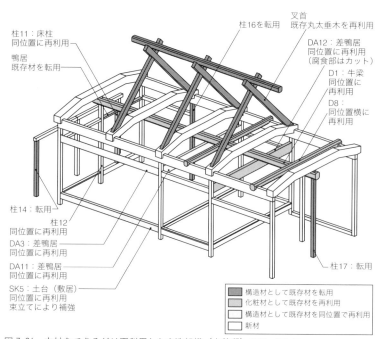

図7・21 古材をできるだけ再利用した木造架構（大前邸）（提供：殿井直）

図7・22 化粧材の梁・牛梁・差鴨居と新材の柱梁（移築工事後）

図7・23 化粧材の梁・牛梁・差鴨居と新材の柱梁（移築工事中）

3. 地域への波及効果と
　地域文化の醸成
──ジャルディーノ蒲生

　大阪市城東区の蒲生4丁目付近は、人口密集地として全国的に知られ、戦災を免れた家屋や下町の風情が今もよく残る地域である。近年、この地で空き家をリノベーションし、飲食店として再生させ、街全体の活性化につなげていく取り組みが、一般社団法人がもよんにぎわいプロジェクトにより展開されている。2008年に開店したイタリアンレストラン「ジャルディーノ蒲生」[*5]はその先駆けであり、明治後期に建築された米蔵をレストランへと見事に改修・転用し、和洋のインテリアが融合した魅力的な空間を生み出している（図7・24〜7・30）。

　この米蔵は、江戸時代から庄屋を務めた杦田（すぎた）家の屋敷の一部であり、敷地を囲う塀・門とともに地域の歴史的景観を支えるシンボル的な存在である。長年使用されずに荒れていたため、後世に古い建物を伝えたいと願うオーナーの杦田勘一郎氏が、不動産コンサルタントで木造耐震診断士の和田欣也氏に耐震補強などの相談をもちかけたことがきっかけとなり、店舗へのリノベーションが実現した。

■空間的特性を生かした改修

　元々、古い建物を後世に伝えることを主眼としたプロジェクトであったため、昔ながらの屋敷の外観は基本的に継承されている。敷地の東側が前面道路に面し、北側に米蔵が建つ。東面は米蔵の外壁と、そこから連続する腰板張りの土塀がめぐり、土塀の中央付近にある棟門が敷地への入口となっている。敷地内には、改修の際、米蔵の南西側に平屋の厨房が増築されているが、前面道路からは塀と門に隠れるように配置されている。

　米蔵は、元々総2階で単純な矩形平面であったが、以下のように改修が加えられている。

・2階への階段と基本的な軸組材の骨格を残し、軸組材は大半の壁面で化粧材として露出する。

図7・24　「ジャルディーノ蒲生」建物配置図

図7・25　「ジャルディーノ蒲生」外観

図7・26　門から見た増築部（厨房）の外観（上）、店舗入口（下）

---

*5　2018年より店名を「イル コンティヌオ」に改称。創建年代：明治時代後期／改修年：2008年／改修設計：株式会社エムズデザインオフィス／施工：株式会社サンコーハウス

- 1階西側の客席ホール等、要所に飾り棚や石張りの壁面装飾等を使用し、洋風と和風が融合した瀟洒で重厚なインテリアを演出する。
- 1階南面の庇部分は、中央にエントランスを設け、通り側（東側）にテラス席を、増築部に隠れる西側にトイレを設置する。
- 1、2階とも大半を客席とし、2階南面の一部にはバーカウンターとバックヤードを設置する。

以上のようなリノベーションを経て開店したジャルディーノ蒲生は、料理と空間の魅力の相乗効果により予約必須の人気店に成長し

図7・27　1階客席の石張り壁

図7・28　1階客席の飾り棚

図7・29　2階のバーカウンター

ているが、こと建築面では、蔵というビルディングタイプの持つ空間特性（閉鎖性・照度の低さ）をそのまま魅力として有効活用できる用途に転換したことが、最大の成功要因に挙げられるであろう。用途変更をともなうリノベーションの場合、その建築が本来持っている空間特性と転用後の用途との相性が、成否を大きく分けることも多い。

■用途転用と地域への波及効果

ここでのリノベーションの効果は、店舗単体としての成功にとどまらない。第一に、米蔵を擁する屋敷構えが守られたことにより地

図7・30　2階への階段

図7・31　「がもよんにぎわいプロジェクト」の一環で、昭和元年築の民家を改装した焼肉店の店舗

域の歴史的景観が継承されたことには、文化的価値の面で大きな社会的意義が認められる。レストラン自体の魅力も手伝って、今ではジャルディーノ蒲生の存在は、地域のランドマークとなっている。加えて、このリノベーションの成功をきっかけに、前述の「がもよんにぎわいプロジェクト」が生まれたことも重要である。古民家の魅力を生かした店舗での営業を求める飲食店経営者がこの地域に集まり、イベント協力などを通じて互いに連携しながら地域全体の活性化を進めており、2018年11月現在、リノベーションされた店舗数は30を超えるまでに増加している（図7・31）。背景に仕掛け人の活躍・努力があることはもちろんだが、ジャルディーノ蒲生の成功事例が旗印となり、多くの飲食店経営者らがこの町に引き寄せられた側面も見逃せない。この事例は、魅力的な古民家リノベーションが地域への波及効果を生み、新たな地域文化の醸成や、町全体のリノベーションをもたらす可能性を示唆している。

7・3

文化的価値の継承に向けて

　前節では、外観の維持による地域の歴史的景観への配慮や、空間構成および構造体等に表れる地域性・時代性の尊重、そしてオリジナルの空間特性を生かした用途選択等が、文化的価値の継承における鍵となった事例を紹介した。古民家改修において、文化的価値をどこに見出し、どのように継承するかは、さまざまな要因に左右される個別性の高い問題ゆえ、一般解を示すことはできない。しかしながら、地域性や時代性を示す特徴が文化的価値の重要部分を占めることは明らかなので、本章ではそれらを読み解き、生かすための手掛かりを示したつもりである。実際に古民家の改修計画を立てる際には、本章で見たような視点も含めて、どのような文化的価値があるかを丁寧に考察し、慎重に継承方法を検討する姿勢を持つことが、何よりも肝要であろう。

参考文献
・神戸市教育委員会ほか編『神戸の茅葺民家・寺社・民家集落　神戸市歴史的建造物実態調査報告書』(神戸市、1993)
・『心地よい暮らしの間取りとデザイン2016』(エクスナレッジ、2016)
・いるか設計集団編『よみがえった茅葺きの家』(建築ジャーナル、2016)

第8章 学校のリノベーション
── 学びを通した新たな拠点づくり

8・1
点在する貴重な空間資源としての学校

　日本においては、少子高齢化によって多くの学校の児童・生徒数が減少し、とくに小・中学校の統廃合が進んでいる。その結果、学校として使われてはいるが更新が十分ではなく性能の低下した校舎や、廃校になり使われなくなった校舎が増加した。

　小・中学校は一定の基準のもとに配置され、地域のコミュニティセンター的機能も果たしてきた。また、運動場や体育館など大人数で利用できる空間もある。広範に、しかも多数分布するこれらの建築は貴重な空間的資源であり、そこにはさまざまな再利用の可能性が潜んでいる。

　何らかの改修を行い、学校として使い続ける場合においては、現行の建築基準法を満たす耐震性能や、最新の学校としての機能性をどのように確保するかが大きな課題である。また、廃校となった校舎を改修して別の用途に転用する場合においては、大胆な改修から文化財的な保存までの広いレンジの中で、学校以外のどのような用途へと転用するか、どのような新しい用途を付加するかなどのアイデアが問われるだろう。

　さらに学校には、教育委員会、教職員、PTA、在校生、卒業生、市民等、それに関わる組織や人が多く、しかも記憶の中に校舎が大きな位置を占めている関係者も多い。したがって、その歴史的価値を守りつつ、建物の価値と改修方針についての合意形成をいかに図るかも大きな課題となる。

8・2
学校をリノベーションするときの手がかり

　他のビルディングタイプにはない、学校建築ならではの特徴をどのように見出し、それをリノベーションの手がかりにするかの判断が重要である。

　まず、一般的な教室棟は、教室という単位空間の集合であり、その平面形や高さが一般の住宅や集合住宅などの居室より大きいことが特徴である。また採光面積の条件により開口部が大きく、空間の質も独特である。運動場、体育館、特別教室などの特殊な空間も利用価値が高い。

　またすでに述べたように、学校建築は、そこで学ぶ児童・生徒、教師、卒業生、家族など学校に関わる人々にとっての記憶の器になっていることも十分考慮しなくてはいけない。さらに、歴史的な価値を持つ建物も多いので、その文化財的側面の評価も慎重に行う必要がある。

8・3
学校のリノベーションの実践例

　本節では、すでに廃校になった校舎の再利用から、現役の学校として使い続けるためのものまで、特徴的な5つのリノベーション事例の分析を行う。

1. 新しい学びの場の創出
──アーツ千代田 3331
■リノベーションの経緯

　2005年に廃校となった東京都千代田区の旧練成中学校の校舎をリノベーションし、2010年に、千代田区の新たな芸術文化活動の拠点となるアートセンターとしてオープンした施設である（図8・1）。

　2003年の「江戸開府400年記念事業」に端を発した千代田区の「文化芸術基本条例」と「文化芸術基本プラン」に基づき、2006年に旧

練成中学校の再活用が決定された。その後、2008年にアートセンターの事業計画と改修プランを求めるプロポーザルを千代田区が実施し、アーティストの中村政人が率いる合同会社コマンドAが運営団体に選ばれた。施設名の「アーツ千代田3331」の「3331」は江戸一本締めの手拍子の数を表わしている。

改修は、行政と民間が協力し公共サービスの効率的運営を目指すPPP（Public Private Partnership）方式で進められた。そのため、実施設計、現場監理、改修工事を運営団体が中心になってまとめることができ、佐藤慎也（日本大学）とメジロスタジオの設計により、多様な使い方に対応できる施設が誕生した。

■ リノベーションの特徴

既存の校舎は、地下1階、地上4階の鉄筋コンクリート造の建物である。秋葉原に隣接する都心部にあり、敷地は狭い。建物の中央には、1階にランチルーム、2・3階に体育館だった大きな空間があり、そのまわりをコの字型に教室などが囲んでいる。運動場は屋上だ。その結果、一般的な細長い校舎と違い、4スパン×7スパンのマッシブなボリュームの建物となっている。

改修後は、1階が美術館機能を担うゾーンで、本格的な展覧会を行うことができる4つのギャラリー、コミュニティスペース、レクチャーやイベントが行えるラウンジ、ショップ、カフェなどがある。2、3階にはアーティストのための活動スペース、オフィスなどがあり、地階ではアーティストを育成するスクールが開校されている（図8・2〜8・5）。屋上には、住民参加スペースとしてレンタル菜園が設けられた。

このリノベーションが興味深いのは、すでに中学校ではなくなった建物を、機能は大きく変えながらも、さまざまな意味での「学びの場」として使い続けていることである。まさにリノベーションによって、一般的な中学校の校舎が、「学び」の意味を問う広義の「学校」へと甦ったのだ。そのリノベーションの手法は以下のように整理できるだろう。

(1)「ストラクチャー」のデザイン

改修デザインは1階に集中して行われ、ホワイトキューブの展示室がつくり出された。それに対して、上階の活動スペースは補修にとどめ、照明器具なども再利用された。設計者たちはそれを、将来の利用者による改変を受けとめるための『ストラクチャー』のデザイン」と呼び、空間の視覚的なデザインとは区別している。そして、過剰な更新を避け、教室空間の特性を活かすこの方法により、元の

図8・1　「アーツ千代田3331」外観

図8・2　コミュニティスペース（1階）

図8・3　ギャラリー入口（1階）

図8・4 カフェ（1階）

図8・5 活動スペース（3階）

図8・6 練成公園側から見る

教室の大きさを維持したまま、創作の場に相応しいフレキシブルな空間が出現した。

(2) 公園との一体化による外部への接続

このリノベーションの価値を一気に高めているのは、南側に隣接する練成公園との一体化が実現したことである（図8・6）。改修前は学校敷地とはフェンスで分離されていたが、この公園が本施設とともに再整備されたため、施設の入口を公園側に変えるとともに、耐震壁の移動などを行って大きな開口部を設け、外部に対して文字通り開かれた関係をつくり出すことに成功した。

■ リノベーションによって生み出されたもの

この施設は、元の中学校とはまったく違う内容でありながら、広い意味での「学習の場」であり続けている点が興味深い。

鉄筋コンクリート造の学校建築というシンプルな構成の空間を無理なく活かし、リノベーションならではの方法によって、アートと社会との敷居を低くすることに成功した。練成公園との一体化は、屋上にあった運動場を地上に降ろ

す行為だったと考えれば、まさに本来の「学校」の姿を取り戻したともいえるだろう。それらはまさに、元の小学校という建物が持っていた「学びの場」という機能自体をリノベートする作業だったのである。

2. 空間とプログラムの重ね描き
—— 鋸南都市交流施設・道の駅 保田小学校

■ リノベーションの経緯

2014年度をもって廃校となった千葉県安房郡鋸南町立保田小学校の校舎をリノベーションし、いわゆる「道の駅」として再生した施設である（図8・7）。

2013年に行われたプロポーザルにより、改修計画の設計者とし

て選ばれたのがN. A. S. A設計共同体だ。これは、NASCA（代表：古谷誠章）、設計組織ADH（代表：渡辺真理）、architecture WORK-SHOP（代表：北山恒）、空間研究所（代表：篠原聡子）という4つの設計事務所からなる組織である。

各代表は、当時それぞれ早稲田大学、法政大学、横浜国立大学、日本女子大学に研究室を持っていた。彼らには、新潟県上越市の廃校になった月影小学校を改修して「月影の郷」という宿泊施設に変えた実績がある。その際は大学を中心にデザインが進められたが、今回の設計監理は各事務所が主体となり、学生たちは、地元の方々が立ち上げた「ようこそ鋸南」というまちづくり組織に登録して活動

図8・7 道の駅 保田小学校。はらっぱ広場から見る

第8章 学校のリノベーション——学びを通した新たな拠点づくり　75

を展開した。

■ **リノベーションの特徴**

既存の校舎は、教室棟が2階建ての片側廊下形式で、端部に職員室の平屋部分がL型に伸びた鉄筋コンクリート造の建物である。さらにその先には、鉄骨造の体育館が建っていた。

それらを改修し、教室棟の1階をテナントスペース・情報ラウンジ・貸会議室・ギャラリーなど、2階を宿泊室、職員室の部分をテナントスペース・トイレ・浴室、体育館を産直市場、運動場を駐車場・広場へと変更した（図8・8〜8・11）。

学校とはまったく異なる施設への転換を、ここでは元の校舎の空間特性を活かしながら、無理な改変をせず、見事に実現している。そのリノベーションの手法は以下のように整理できるだろう。

(1) さまざまな機能・組織・人の連携

すでに書いたように、この施設はたいへん多くの機能を持っている。東日本大震災の教訓を活かし、非常時に宿泊場所、水、トイレ、食料などを提供する防災拠点でもある。さらには、地域活性化や観光振興を担う施設とも位置づけられている。

そのため、このプロジェクトには、鋸南町はもちろん千葉県道路計画課や関東農政局等の行政組織、地元の出荷者組合や商工業者、テナントとして鋸南町にある店舗、そして設計関係者など、多くの組織と人が関わった。

そういったことが結果的に、このリノベーションを、親しみやすく、楽しいアイデアに満ちたものにしたといえるだろう。

(2) 効果的な建築的装置の付加

このプロジェクトでは、そういった複雑なプログラムを、元の建物を大きく改変することなく、さまざまな建築的装置を付加することによって受けとめている。

教室棟の外壁には、鉄骨造で2層分の高さのフレームが取りつけられ、既存部2階のバルコニーと一体になった「まちの縁側」と呼ばれる多目的空間が生み出された（図8・12、8・13）。そこはポリカーボネートパネルで内部化され、さらに蓄熱パネルやテントで温熱環境の制御も可能である。1階はピロティで、広場とテナントスペースの間の心地良い緩衝帯となっている。

図8・10　テナントスペース（1階）

図8・11　宿泊室（2階）

図8・8　まちの情報ラウンジ（1階）

図8・9　こども広場（1階）

図8・12　まちの縁側（2階）。中央の鉄骨柱から左が既存部

職員室の部分では、既存部の改修を最小限に抑えるため、小規模な増築によって快適なトイレと浴室を生み出した。宿泊室は教室を仕切っただけであり、体育館は構造補強をした上で、大空間のまま産直市場として利用した（図8・14）。

　いずれも、元の建物の特徴を活かしながら新たな空間を生み出す巧みな手法といえる。

■ リノベーションによって
　生み出されたもの

　この建物は、単に地元の生産物を販売し宿泊客をもてなすだけの商業的な施設ではなく、地域内外から多くの人々が訪れ、観光拠点のひとつとして地元の産業振興に役立っている。各大学も継続的に関わり、これからの地域再生にとっての戦略拠点といってもよい。

　それは、地域と地域外の世界の間における価値と物の交換の場であり、学校がそれまで担ってきた地域拠点としての機能が、まさにリノベーションによって、一層進化し、継承されたということができる。

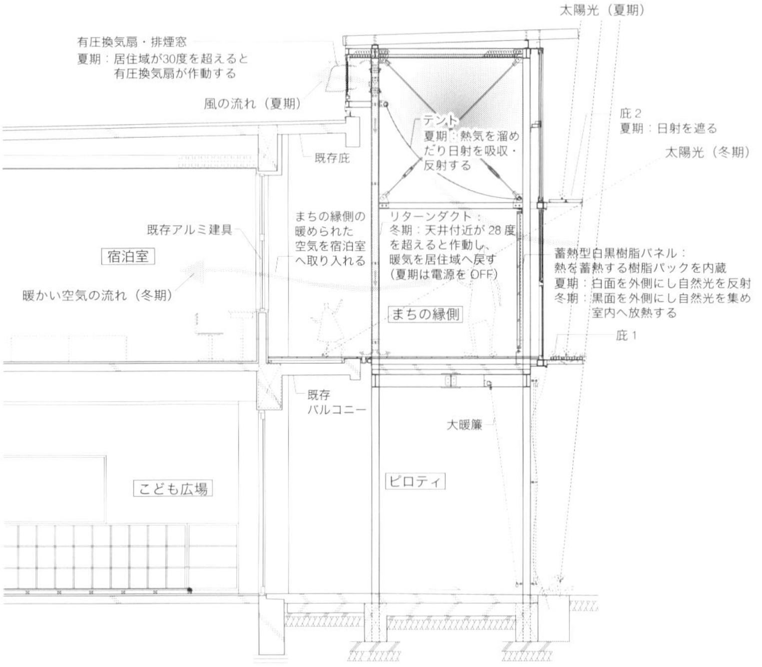

3. 過ぎた時間の定着
――― MORIUMIUS

■ リノベーションの経緯

　2002年に廃校になった後、放置されていた宮城県石巻市雄勝町の旧桑浜小学校の木造校舎をリノベーションし、自然体験施設にしたものである。

　敷地は、東日本大震災で大きな被害を受けた町だ。この建物は廃校後放置され、しかも震災の被害もあり、建具や壁が朽ちるなど荒廃が進んでいた。その有効活用について、東日本大震災の被災地の子どもたちを支援するためにつくられた公益社団法人sweet treat311（＝現在の運営主体であるMORIUMIUS）が主宰する「Community Week 2013」というワークショップで議論が行われ、その成果を受けて改修設計が行われた。設計者はオンデザインで、工事には地域住民はもとより国内外からのボランティアも多く参加した。

■ リノベーションの特徴

　既存の校舎は、1923（大正12）年

図8・13　「道の駅 保田小学校」断面詳細図　（提供：ナスカ一級建築士事務所）

図8・14　産直市場となった体育館

第 8 章　学校のリノベーション——学びを通した新たな拠点づくり　77

図8・15　「MORIUMIUS」外観。屋根は、もともと使われていた地元産の雄勝スレート瓦で甦らせた　(撮影：鳥村鋼一)

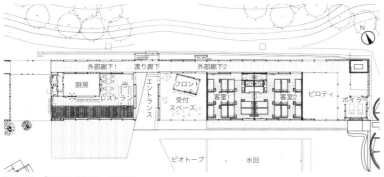

図8・16　「MORIUMIUS」平面図　(提供：オンデザイン)

図8・17　裏山につながるエントランス(左)、外部廊下(中)、多目的に使えるピロティ(右)
(いずれも撮影：鳥村鋼一)

図8・18　ハンカイ状態から生み出された新旧の時間が重なる独特の空間　(撮影：鳥村鋼一)

に竣工した小さな木造平屋の建物で、リアス式の海岸線を見下ろす山の中腹に建っている。それを改修して、宿泊室、レストラン、厨房、ピロティなどを設け、露天風呂はワークショップによって新設した(図8・15～8・17)。そのリノベーションの手法は以下のように整理できるだろう。

(1)「ハンカイ(半壊・半開)状態の活用

　設計者たちは、荒れた校舎の現状(＝半壊)を、むしろ建築が自然を受け入れた状態(＝半開)と肯定的に解釈して「ハンカイ」と表記し、設計の手がかりとした。

　そして、壁が朽ちて木造フレームだけになった状態を残す前提での構造補強や平面計画が行われた。そのため、既存構造材に付加をしていく方法が採用された。設計者はそれを「接ぎ木」の手法と呼んでいるが、ボランティアや地域住民による工事参加も容易となり、多くの人々の手の跡を残すことにも成功した。

(2) 自然との関係を調整するデザインの採用

　木造フレームを明快に見せるため、外装サッシュや断熱壁は既存軸組の内側に取りつけられ、付加された建築的要素の役割をわかりやすく視覚化した(図8・18、8・19)。また地域の山から切り出した木を熱源とするウッドボイラー、排水再利用によるビオトープや水田、太陽熱を利用した雄勝石の蓄熱床

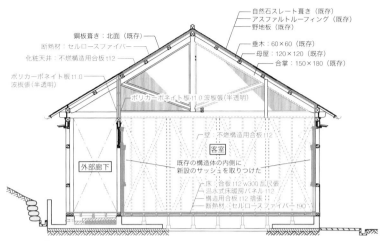

図8・19 「MORIUMIUS」矩計図（提供：オンデザイン）

なども設けられた。こういったことにより、自然とともに生きる暮らしを体験する学習プログラムに建築全体を貢献させることに成功した。

■ リノベーションによって
　生み出されたもの

一般のリノベーションにおいては、その建物を竣工当初の姿に戻すことが目標のひとつになる。しかしこのプロジェクトでは、むしろ現在までに流れた時間そのものを定着することが目指された。しかも、学校として使われていた時期だけでなく、放棄された後の時間と記憶までもがデザインに取り込まれ、独特の質感を持つ空間となっている。

4. 木造校舎を使い続ける
　　　　——篠山市立篠山小学校

■ リノベーションの経緯

現役の小学校であり、戦後の木造校舎としてはきわめて珍しく大規模に残った兵庫県篠山市立篠山小学校を、その文化財的価値を損なうことなく、しかも現代の小学校として使い続けるために改修したものである（図8・20）。

同校は、篠山市中心部にある篠山城跡の堀の内側に建っている。1873（明治6）年に「知新館」として生まれた学校を起源とし、1910（明治43）年に現在の地に移転した。その後、戦後になり、1951（昭和26）年から順次新校舎への建て替えが進み、1955（昭和30）年に5棟の校舎が完成した。また1935（昭和10）年に竣工した講堂も現役である。

これだけ多くの戦後の標準的な仕様の木造校舎が建ち並ぶ姿は壮観であり、建築史的にも貴重な建物といえる。また、校舎と城跡が一体となってつくり出す景観は、篠山というまちの歴史的・文化的背景を反映しており意義深い。

またこの校舎は、同校の関係者や市民にも愛されており、2011年度から本格的に、篠山市、学校関係者、地域関係者、建築の専門家等による篠山市立篠山小学校校舎検討委員会を立ち上げ、保存再生を決めるとともに、改修計画が立案された[*1]。2013年度から工事が始まり、2015年3月に完成した。

■ リノベーションの特徴

現況調査や文献調査等に基づき、篠山小学校には以下の3つの価値

図8・20 篠山城跡・天守台から篠山小学校を見る。手前の2棟を結ぶ2階の渡り廊下は新設

---

*1　改修設計は検討委員でもある才本謙二（才本建築事務所）が行い、アドバイザーとして、花田佳明（神戸芸術工科大学教授）と腰原幹雄（東京大学生産技術研究所教授）が参加した。

第 8 章　学校のリノベーション——学びを通した新たな拠点づくり　79

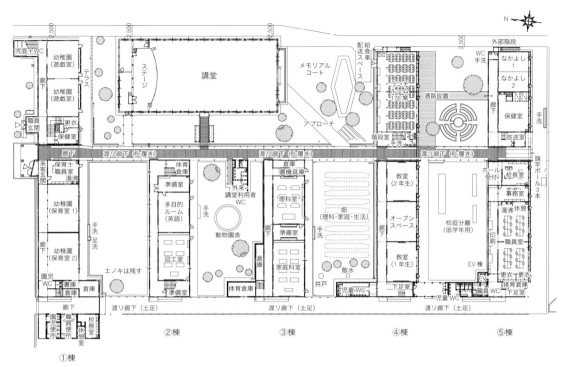

図 8・21　篠山小学校 1 階平面図（改修後）

があると判断された。

○篠山市の教育史における象徴的存在としての価値
・1910（明治 43）年に現在の地に移転した同校は、篠山というまちにおける教育の位置づけを歴史的、空間的に象徴する存在である。

○学校建築の歴史における貴重な残存木造校舎としての価値
・戦後復興期において文部省と日本建築学会が指導した標準的な木造校舎の構造や意匠を知る上で貴重な残存事例であり、文化財的な価値がある。

○使い続けることのできる文化財的建物という価値
・篠山小学校は篠山城の史跡内にあるため、その整備にあたり、史跡外に移転して新築するか現在の場所に残り現校舎の改修に留めるかという選択肢が文化庁から示された。それに対し、行政関係者や篠山小学校の教職員・保護者・児童などによる議論やアンケートの末に出た結論は後者であった。文化財的価値を持つ建物を学校のまま使い続けることに対する市民や行政の喜びと誇りはそれほど大きく、またそれに値する価値を持つ建物である。

これらの価値を守りつつ、しかも現代的な学校になるよう改修計画をつくり、リノベーションを行った。

まずは全体のゾーニングの見直しである（図 8・21）。児童数が大幅に減少しており、運動場に近い 2 棟（④⑤棟）に職員室と普通教室を集約した。その上で、エレベーターの増設とこの 2 棟の端部を 2 階で結ぶ渡り廊下を城跡側（西側）に新設し、バリアフリーを確保するとともに、子どもたちがいつも石垣や堀を意識できる場所とした。中央を貫く渡り廊下も上足ゾーンに変更し、全体の動線計画を見直した。既存部を改修してランチルーム、屋内トイレなどを設け、学校としての機能性を高めた。

他の 3 棟には、特別教室を入れるだけではなく、郷土資料室とふるさとミュージアム（2 階）、幼稚園などを収め、空間を無駄なく利用した。

耐震補強も十分に行い、廊下と教室との一体利用や、ランチルームなどの大空間も可能にした。

また、史跡内に建っているため、

深さ30〜40cmで江戸期の遺構が出る可能性があって掘削が制限され、遺構を損傷しない深さでの設計と工事を行った。

改修計画の立案にあたっては、教育委員会、PTA、教職員との打ち合わせも慎重に行い、着工前には子どもたちへの改修内容の説明と工事中の安全についての授業を行った。また工事完了後には、PTAや教職員による祝賀会や公開見学会も開かれ、甦った校舎は多くの人々に喜びとともに受け入れられた（図8・22）。

■ **リノベーションによって生み出されたもの**

史跡の中にあるという条件から、特に外観については旧来の姿を維持することに重きを置いた改修である。しかし内部空間においては、ゾーニングと動線計画の大幅な見直しを行ったため、特に新たな意匠を加えたわけではないが、学校としての使い勝手は、現代的な要求を満たすものになった。

そのことにより、篠山小学校は、一見昔の姿に戻しただけのように見えるが、過去の骨格と意匠を守った空間の中に、新しい血管のネットワークを入れ替えたような構成の建物となり、複数の時制が共存する現代的な校舎に生まれ変わったといえる。しかもそれが篠山城跡という歴史の堆積した敷地の中に存在することにより、いっそう豊かな時間性に満ちた学校となっている。

5. 重要文化財の校舎で学ぶ
——八幡浜市立日土小学校

■ **リノベーションの経緯**

近代建築史上の評価も高い愛媛県八幡浜市立日土（ひづち）小学校を、その文化財的価値を損なうことなく、しかも現役の小学校として使い続けるために改修したものである（図8・23）。

同校は、八幡浜市役所の職員であった建築家・松村正恒[*2]（1913〜1993）によって設計され、1956年に完成した中校舎（職員室や特別教室）と1958年に完成した東校舎（普通教室）からなる木造2階

新設した2階レベルの渡り廊下

天井内の構造補強を現しにしたふるさとミュージアム

2つの教室を一体化したランチルーム

改修工事完成の祝賀会

外壁

上足に変更した渡り廊下

図8・22　甦った篠山小学校の様子

---

*2　花田佳明『建築家・松村正恒ともうひとつのモダニズム』（鹿島出版会、2011）参照。

第8章　学校のリノベーション──学びを通した新たな拠点づくり　　81

図8・23　日土小学校。川側外観（撮影：北村徹）

建ての校舎だ。採光や通風のために教室と廊下を分離したクラスター型教室配置など、最新の建築計画を実践したモダニズム建築であり、その瀟洒なデザインとともに、完成当時、学界と建築ジャーナリズム双方から高く評価された。

その後、モダニズム建築再評価の動きの中で、松村正恒と日土小学校に再び光が当たり、1999年にドコモモ・ジャパンによって、日本の優れたモダニズム建築20選に選ばれた。それをひとつの契機として保存再生活動が始まり、2006年に八幡浜市が保存再生を決定し、2009年に再生工事が完了した。完成後の評価も高く、2012年には、国指定の重要文化財に選ばれた[*3]。

■ リノベーションの特徴
（1）歴史的研究に基づく詳細な設計

日土小学校の歴史的位置づけと、その設計者・松村正恒に関する建築史的研究に基づき、同校は以下のような価値を持つと判断された。

○歴史的価値
・戦後の民主的な教育観や社会像を空間化した建築であること。
・戦前の近代木造の流れを、戦後においても継承し発展させた希有な事例であること。
・地方におけるモダニズム建築の展開を示す貴重な事例であること。

○現在的価値
・現代の学校建築としても、平面計画から細部デザインまで、見劣りするところのない建築であること。

これらの評価に基づき、学校関係者、地域住民、行政の意見も取り入れ、以下のように改修計画の基本方針が決定された。

①文化財としての価値を尊重し、基本的に当初の状態に戻す。
②構造補強を行い、現行の建築基準法以上の耐震性能を確保する。
③東校舎の6つの普通教室の意匠は当初の状態に戻すが、実験台

[*3] 保存再生工事の全貌については、「日土小学校の保存と再生」編纂委員会編『日土小学校の保存と再生』（鹿島出版会、2016）参照。

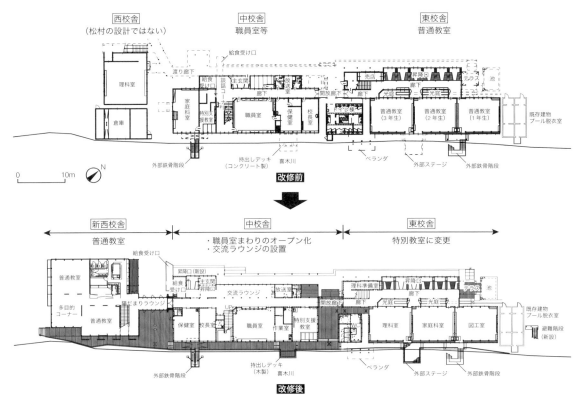

図8・24 改修前後の1階平面図

や調理台などを設置して特別教室に変える。
④中校舎の職員室まわりは改修し、運動場への見通しを確保する。
⑤中校舎の特別教室を改修して2つの普通教室とする。
⑥床の遮音性の向上、建具の改良、便所の更新など、各所の機能性を高める。
⑦4つの普通教室を確保するために新西校舎を建設する。

これらの方針については文化庁と事前打ち合わせを行い、慎重な設計と現場監理により、文化財としての価値を損なうことなく、現代的で最新の学習空間が実現した（図8・24〜8・31）。

(2) 専門家チームによる計画の推進

この建物の保存再生活動は、日本建築学会四国支部の中に、建築計画・建築史・建築設計・木構造を専門とする研究者と建築家が集まった特別委員会が設けられ[4]、八幡浜市教育委員会と連携することによって進められた。

各メンバーは、地域住民や行政との調整、日土小学校の歴史的位置づけの研究、それに基づいた意匠設計、構造補強方法についての提案、文化財としての改修方針の策定と現場での詳細な記録などさまざまな役割を分担し、保存活動から工事完了までのプロセスに関わった。また工事完了後も、日土小学校の見学会や、松村正恒が設計した他の現存建物の実測なども行っている。そのような息の長いフラットな関係のチームをつくれたことが、この複雑なリノベーションを実現した。

■リノベーションによって
生み出されたもの

甦った日土小学校は、当初の姿に戻すことに主眼を置いた東校舎、機能的な要望から一部の改修を行った中校舎、既存部との関係を考慮しながら新たに建設した新西校舎の3棟からなり、それぞれがいわば「過去」「現在」「未来」の象徴のようである（図8・32）。つまり、複数の時制が共存した建物と

---

[4] 委員長：鈴木博之（東京大学名誉教授）、委員：曲田清維（愛媛大学教授）、花田佳明（神戸芸術工科大学教授）、吉村彰（東京電機大学教授）、腰原幹雄（東京大学助教授）、賀村智・和田耕一・武智和臣・三好鐵巳（日本建築学会四国支部）（役職は当時）

第8章 学校のリノベーション──学びを通した新たな拠点づくり　83

図8・25　中校舎職員室・階段室
（撮影：北村徹）

図8・26　東校舎旧昇降口　（撮影：北村徹）

図8・27　理科室に用途を変えた東校舎の普通教室　（撮影：北村徹）

図8・28　開放的な新西校舎　（撮影：北村徹）

図8・29　川側外観。左手前が新西校舎
（撮影：北村徹）

図8・30　工事中の様子

図8・31　川に面した図書室　（撮影：北村徹）

東校舎	中校舎	新西校舎
原設計の状態に戻された空間の中に新しい什器備品という「現在」が仮住まいしている。	職員室まわりを中心に改修が行われ、「現在」が「過去」に食い込んでいる。	新築校舎ゆえにまさに「未来」。しかし既存部すなわち「過去」の痕跡がデザインとして埋め込まれている。
「過去」+「現在」	「現在」+「過去」	「未来」+「過去」

全体として複数の時制が共存しており、いわばタイムトンネル、あるいは記憶の継承装置のような空間を構成している。

図8・32　甦った日土小学校の中に生まれたさまざまな時制

いうことができ、新築の建築とはまったく異なる豊かな空間となった。文化財的価値の高い建物を使い続けるためのリノベーションの先駆的な事例といえるだろう。

8・4
学びを通した新たな拠点づくりを目指して

本章では、小中学校の校舎について、用途を変えたものから学校として使い続けるものまで、5つの事例を取り上げ紹介した。

転用後の用途や既存校舎に対する歴史的評価に違いはあるが、いずれのリノベーションも、「学校」というビルディングタイプ固有の空間や、学校での「学び」という行為を手がかりとし、しかもそれらに対する人々の記憶にも深く関わっていた。

学校は、そこで過ごした人々と地域の記憶の器である。しかも、必ず一定の密度で地域の中に存在する。それをうまく活用すれば、地域内と、さらには地域と地域外とをつなぐ新たな拠点をつくり出すことができるだろう。

第9章 産業遺産のリノベーション
—— 特殊な空間への着目とその利用

9・1
産業遺産とは

産業遺産と呼ばれる建築は、現在は稼働していない産業用の建築で、人が暮らしていくために必要な製品をつくるための工場や倉庫などの施設と、それに関係する事務所、あるいは通信や送電、運輸のための鉄塔や駅舎などを含む。工業用だけではなく、農業用の施設や伝統産業のための施設も産業遺産である。土木構造物までを含めて捉えると、トンネルや橋、ダムなどがある。日本の近代化に貢献した施設については、特に近代化産業遺産と呼ばれている。これには、造船や製鉄などの重工業や製糸業に関する工場とそれに関する施設などがある。

これらの産業遺産は、当時の技術の粋を集めたもので、それぞれの産業に特化した特徴的な形態をしており、建物の形態を通して当時の最新技術を知ることができたり、歴史や文化を物語る形状を目の当たりにしたりできる。そのため、産業遺産をリノベーションする場合には、具体的な建物だけでなく、その背後にある無形の価値を含めた再生が必要である。なお、

この章のタイトルは「産業遺産のリノベーション」であるが、東京駅の駅舎のように継続的に使われている産業用の建物も含めて扱う。

1. 産業遺産の価値

無駄な装飾がなく、合理的な形状をしていることが多い産業遺産は、その価値が一般的に理解されにくいという難点がある。技術が発展すると、過去の産業用の建物は稼働しなくなり、無用の長物となる。そして、単なる産業用の設備として解体されてしまう。あるいは、巨大な遺産は壊すことすら難しく、そのまま放置されて廃墟となる場合がある。

しかし、産業遺産は製品をつくるなどの特定の機能に特化した建築物であるため、視点を変えると、他にはない唯一無二の魅力を発見することができる。たとえば、工場の大空間やトンネル、高架下などを思い浮かべるとわかるように、他の建造物には見られない大きさや形状をしている場合が多い。

一方、産業遺産には、負の側面もある。産業の繁栄の裏側には、公害被害や労働の搾取という問題があり、産業遺産を活用する際には、これらの負の側面についても

明らかにすることが必要であろう。産業遺産にまつわる多様な出来事を包含しながら再生を進めることが大事である。

2. 産業遺産の転用

産業遺産のリノベーションでは、遺産というだけあって、現在は使われていない工場や倉庫が対象である。時代の変化に対応できずに使われなくなった産業遺産の活用では、用途の変更、すなわち、転用（コンバージョン）が前提となる。しかし、産業遺産は変更後の用途と既存の建物のマッチングが難しいビルディングタイプである。大きすぎる大空間や使い道のない設備が平面の大部分を占めていることもあるだろう。

このような産業遺産をリノベーションする際の態度として、大きく2つの方向が考えられる。

1つは、建物の歴史的・文化的な価値を絶対視し、用途を変更する際に、新たな用途として使いやすくするための改修を認めないという態度である。転用する用途次第では、このような方針でうまくいく場合もあるが、多くの事例では、建物は保存されたが、積極的に空間が使われず、建物のみが記念館

として凍結されたように保存されている。

もう1つは、建物の歴史的・文化的な価値を考慮せずに、単なる箱として建物を扱ってしまう態度である。この場合は、使いやすい建物や刺激的な建物に改修されるが、歴史的・文化的価値を半減させるという状況を生み出してしまうかもしれない。

以上のような2つの側面を考慮しながら、建物の歴史を尊重しつつ、その建物を将来にわたって使っていくことができるリノベーションを計画することが必要である。

3. 建築と土木を横断する

産業遺産は産業の発展とともに建設されたものが多数を占めるため、建築当時の最先端の技術が使われていることが多い。たとえば、産業遺産をリノベーションして活用している事例としてわかりやすいものに高架下建築がある。

高架橋とは、地上に連続して掛かった橋のことで、上部を電車や自動車が走る。コンクリート構造の黎明期に建設された鉄道高架橋には現在も使われている例が見られる。明治末ごろから、それまでのレンガと石材による構造ではなく、新しくコンクリートが使われるようになり、鉄道網の発達とともに、さまざまなコンクリート技術が試された。これらの鉄道高架橋は、土木構造物に分類される。鉄道建設に必要な構造物である高架橋では、大きなスパンを飛ばすためにアーチ構造が使われるなどの工夫が施され、それが都市の風景を形成している。

その高架橋の下部を利用したのが高架下建築であり、ここでは必然的に土木と建築が出会う。通常日本の建築空間ではあまり目にしないアーチ構造であるが、高架橋では多用されており、高架下建築においては、そのアーチの下に建築空間をつくることになる。高架下には商店街などがつくられてきたが、今では老朽化が進みシャッター街となっているところも多い。しかし近年、高架橋の耐震工事が進み、新たに高架下を有効活用しようという動きが見られるようになってきた。

たとえば、秋葉原からほど近い場所にある「マーチエキュート神田万世橋」（図9・1）は、レンガアーチ構造の万世橋高架橋の遺構を商業施設として活用したものである[*1]。補強やインテリアには、コンクリートや鉄などの素材がそのまま使われ、遺構で使われている素材を引き立てている。アーチの形状をそのまま見せる大きな開口部ややわらかな間接照明により、アーチが連続する形状の魅力がより引き出された。アーチ内部には、物販店と飲食店などが入り、上部には展望デッキも設けられている。

9・2 産業遺産のリノベーションの実践例

1. 特殊な形態を活かす
—— 灘高架下

関西の主要交通網のひとつを担う大手私鉄である阪急電鉄の王子公園駅（神戸市）近くの高架下が活気づいている（図9・2、9・3）。

新しい視点で不動産を発見し独自の視点で物件を紹介する「R不

図9・1 旧万世橋駅をリノベーションした「マーチエキュート神田万世橋」の外観と内観。レンガアーチを補強するコンクリートの端部をレンガより一段下げることで外観を守った。電気や空調の設備は床下に設けられ、アーチの形状を妨げないようになっている
（設計：東日本旅客鉄道、JR東日本建築設計事務所、みかんぐみ、2013年）

[*1] 土屋尚登、浜崎直行「レンガアーチ高架橋の耐震補強対策」『Consultant』VOL.269、2015年10月

86

図9・2 灘高架下エリアの工房（写真提供：神戸R不動産）

DIY設計集団の拠点

額縁屋と工房

庭と木材のオフィス

図9・3 灘高架下エリアの改修前後の様子。2014年ごろから順次改修されてきた
（写真提供：神戸R不動産（上段・中段）、SHARE WOODS（下段））

動産」の神戸エリアを担う神戸R不動産が、灘高架下と呼ばれるエリアの空き区画を紹介し、職人のための工房を誘致して始まった動きである。所属する西村周治氏が担当し誘致に尽力をした。

高架橋という上部の鉄道を支えるための武骨な構造体と、一般的な建築空間より高い天井高さ、むき出しのコンクリートによる力強い空間を使いこなせる人を積極的に集めた。その結果、独特の空間であることに加えて、音が出る作業ができる、天井が高いので大きなものを搬入できる、それにも関わらず街なかにある、という灘高架下の魅力に惹かれた人が集まってきた。

現在では、家具工房、革製品工房、額縁工房、庭や木材について相談できるオフィスなどが集まっている。いずれの工房においても神戸でものづくりをするという共通項があり、互いに利用したり、

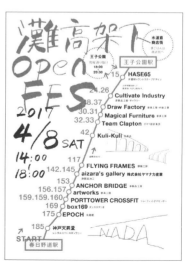

図9・4 「灘高架下OPEN FES」のちらし

一緒にものづくりをしたりと相乗効果が生まれている。

　高架下の空間では、天井の高さが下を通る道路にとって必要な寸法として土木側から決まっている。各区画で、この通常より高い天井高さを使って、ロフト階をつくったり、吹き抜けをつくったり、階段を掛けたりしている。このため、同じような高架下空間が続いているはずなのに、区画ごとに断面が異なる空間が広がる。

　また、高架橋の両側で道路の高さが異なるため、北側では2階の高さに入口があり、南側では1階から入ることになる。高さが異なる町との接点を2方向に設けられることが、高架下空間の魅力のひとつとなっている。

　灘高架下エリアでは、不定期に「灘高架下オープンフェス」というイベントが開催され、普段は中に入りにくい工房を知ってもらう機会が設けられている。高架下に描かれた区画の番号がマップにも記載され、高架下ならではの道案内となっている（図9・4）。

　なお、この旧阪神急行電鉄（阪急電車）神戸線高架橋は、鉄道が神戸三宮まで伸びる1936年につくられた高架橋である。この高架橋をつくるのに尽力した阿部美樹志氏という技術者の名前や高架橋の特徴などが研究者によって明らかにされている[*2]。鉄筋コンクリートの構築物を通して、80年ほど前の建設時の状況に思いを馳せる。産業遺産のリノベーションにおいては、このように歴史の流れを感じることができる。

2. 大規模な遺産を活用する
——犬島精錬所美術館

　産業遺産の中には、既存の建物そのものが大規模であるものが見られる。そのため、リノベーション後の建物もおのずから大規模になる。ニューヨークでは、廃線になった貨物列車の高架が全長2.3kmにわたって遊歩道に転用された「ザ・ハイ・ライン」（設計：ジェームス・コーナー・フィールド・オペレーションズ、ディラー・スコフィディオ＋レンフロ）がある。使われずに放置されていた廃線が都市の中に浮かぶ空中庭園のような体験を提供している。オーストリアでは4基のガスタンクが著名建築家の手によって集合住宅やショッピングセンターに転用された「ガソメーター」（設計：ジャン・ヌーヴェル、コープ・ヒンメルブラウほか）の大規模な転用が注目を集めた。

　日本では、犬島精錬所美術館という瀬戸内海の犬島に残る銅の製錬所跡地を活用した美術館がある

図9・5　犬島精錬所美術館。全景とアート作品（設計：三分一博志、アート：柳幸典「ヒーロー乾電池／イカロス・セル」2008年、写真撮影：いずれも阿野太一）

---

*2　小野田滋「阿部美樹志とわが国における黎明期の鉄道高架橋」『土木史研究』21巻（土木学会、2001、pp.113～124）

(図9・5)。銅価格の大暴落によってわずか10年しか操業しなかったという産業遺産を美術館に転用することで、新しい役割を建物に与えている。

銅の製錬過程でできる副産物を使ったカラミレンガを素材として用い、製錬所の煙突を使って太陽熱や地熱などの自然エネルギーを循環させるなど、産業遺産を大胆に活用している。この場所に行かなければ味わえない芸術作品と建築空間の体験が、産業遺産を改修することでより増幅されてつくり出されている。

このように大規模な産業遺産の活用は、構造物が次の世代の新しい使い方と出会うことで特別な体験をつくり出す。そして、まちのランドマークになったり、ダイナミックな空間をつくり出したりと、リノベーションでしかつくり出せない驚きを用意する。

3. 木造の倉庫・蔵を活用する
—— 3つのアール・ブリュット美術館

近代以前の産業遺産には、伝統的な木造による建物が多く含まれる。これらの建物は古民家とは異なり、木造であるが大きな一室空間となっており、酒や醤油などの食品、あるいは、船や材木などを保管する倉庫や蔵として使われていた。

ここでは3つの木造の倉庫・蔵のリノベーションを取り上げる。広島の「鞆の津ミュージアム」は築150年の醤油蔵を改修したものである（図9・6）。主屋と蔵が一群として残っており、その蔵の1つはこども園として使われていた。その中の別の蔵が2012年に美術館になった。高知では、藁製品を保管するための川べりの土佐漆喰による倉庫群が「藁工ミュージアム」という美術館になった（図9・7、9・8）。福島では、東日本大震

図9・7　「藁工ミュージアム」（設計：竹原義二、2011年）外観と内観

図9・6　「鞆の津ミュージアム」（設計：竹原義二、2012年）外観と内観

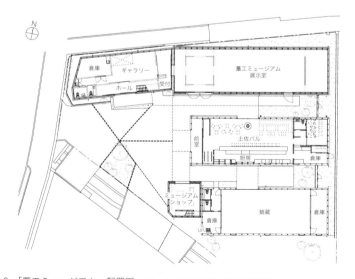

図9・8　「藁工ミュージアム」配置図（図9・6〜9・8の提供：無有建築工房）

第9章　産業遺産のリノベーション——特殊な空間への着目とその利用　89

災で大きく破損してしまった築120年の酒蔵が「はじまりの美術館」になった（図9・9、9・10）。

鞆の津ミュージアム、藁工ミュージアム、はじまりの美術館はいずれも土蔵の改修であり、設計をすべて竹原義二が担当している。一般的に蔵の土塗り壁は厚みがあり、優れた防火性能を有している。収蔵品を守り保管するという美術館にとって必要な性能と蔵の性能は合致しているといえる。いずれも木造でできており、土壁を持つというところまで共通している。

しかし、もう一歩踏み込んで建物を調査すると、相違点を多く発見することができる。鞆の津ミュージアムは醤油蔵であり、小屋組は伝統的な和小屋で瓦葺きである。主屋と並んで連続したまち並みをつくっている。海の町の建物であるため、足元周りに石が貼られ、浸水を考慮していることがわかる。

一方、高知の藁倉庫は戦後の建築であり、屋根はトラス構造の上にスレート葺きである。13棟の倉庫が群として残っている点にも特徴がある。土佐漆喰による白い壁が川べりに立ち並ぶ様子は迫力がある。

福島のはじまりの美術館の周辺は雪が積もるため、その重みを考慮する必要がある。このように一口に土蔵といっても、それぞれに異なる特徴が見られる。

■ **鞆の津ミュージアム**

これら3つの場所のそれぞれの倉庫・蔵の改修では、建物の状況に応じた方法が選択されている。鞆の津ミュージアムのある鞆の浦は広島県福山市の半島の先端にあり、江戸時代に栄えた港である。景勝地としても知られ、シンボルである常夜灯の他に町家が多く残っている。その街角に鞆の浦の繁栄を物語る堂々とした町家と複数の蔵が残っている。

鞆の津ミュージアムでは、これまで見過ごされてきたアートをこの場所で展示して、この美術館でしか味わえない体験を用意することに力が注がれている。通常は窓を塞いで白い均質な部屋としてつくる展示室には窓があり、土壁や柱、小屋組がそのまま見え、靴を脱ぐ場所もある。このような特徴的な空間を、独自の企画展をはじめ、トークイベントやワークショップなどに積極的に使っている。

改修にあたっては、まち並みに溶け込む2階建ての蔵に対して、1階部分のみを使うこと、間口が広い平面形状を生かして小屋のような部屋を入れ子状につくることが計画された。その結果、蔵の内部が小屋によって領域分けされ、来館者が路地をめぐるように内部に徐々に入っていく構成がつくられた。経路の途中で靴を脱ぐよう

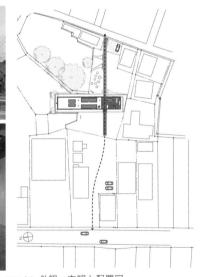

図9・9　「はじまりの美術館」（設計：竹原義二、2014年）外観・内観と配置図

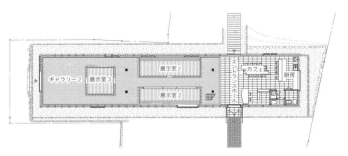

図9・10　「はじまりの美術館」平面図（図9・9、9・10の提供：無有建築工房）

になっており、蔵という閉じた箱に独自の世界をつくり出している。

■藁工ミュージアム

藁工ミュージアムのある一帯の倉庫群には、美術館をはじめ、土佐の魚が食べられるバル、蛸蔵と呼ばれる劇などを上演できる多目的スペース、雑貨や書籍を扱うショップや美容室、写真館などがあり、「アートゾーン藁工倉庫」というエリアを形成している。

藁工ミュージアムでは、長い年月の間に付け加えられた間仕切り壁や庇を整理し、複数の建物の間の屋外空間をきちんとつくり直している。美術館棟では、エントランス棟と展示棟のつなぎの部分に木材を積み重ねてログハウスのようにつくった小部屋が置かれ、来場者を迎える。

■はじまりの美術館

はじまりの美術館の場合は、十八間蔵と呼ばれる奥行の長い蔵が改修の対象である。この蔵では、老朽化に加えて震災の影響があり、木造の構造部分に対して、大幅な補強を行っている。雪の重さに耐えるために、外壁に軒を支えるための頬杖が新たに設けられ、これが美術館の外観の新しい特徴にもなっている。

この美術館では「地域に住んでいる人が集うことができるカフェが必要」「学校帰りの子どもが集まったり、通り抜けができたりする

建物がほしい」などの声が地域の人たちから寄せられ、展示・鑑賞という機能だけではなく、人々が集まる場所づくりという側面が強化されている。具体的には、蔵の真ん中に2か所の出入口を設け、学校に通う子どもたちやまちの人が通り抜けられるような通路が用意されている。蔵の前には広場がつくられ、マルシェやワークショップにと賑やかに使われている。

■改修によるアール・ブリュットのための美術館

これら3つの美術館はアール・ブリュットのための美術館であり、運営は地域にある知的障害を支援する社会福祉法人やNPOが行っている。アール・ブリュットとは、「生の芸術」というフランス語から来ていて、正規の芸術教育を受けていない人による自由で無垢な表現による美術を指す言葉である。このような美術を展示するための美術館として、新築による美術館をつくるのではなく、あえて改修にこだわった美術館づくりが選ばれている。

改修において共通しているのは、大きな一室空間を美術館にするために、入れ子状の小さな部屋が置かれていることである。これらの小屋のようなボリュームは、空間を領域分けし、耐震補強の役割を担っている。さらに、倉庫という産業のための大きな空間に小部屋

をつくることによって、内部空間に人の身体感覚に馴染むヒューマンスケールを持ち込み、地域の人たちの居場所をつくっている。

このように、産業遺産のリノベーションは、計画や工事を通じて、地域の歴史や文化を改めて捉え直す契機となり、地域の文化を引き継ぎながらコミュニティの核となる可能性を持っている。

■木造以外の倉庫を活用する

本節では、木造の倉庫や蔵を活用した事例を紹介したが、レンガ造やRC造の倉庫を活用したリノベーションも多く見られるようになってきた。たとえば第2章（図2・7）で紹介した「U2」では、既存の構造と縁を切った軽量の鉄骨で大空間の倉庫に小部屋をつくり、複合施設としている。

4. 来歴を調べて改修する
——東京駅丸の内駅舎

産業遺産のリノベーションにおいては、改修前の建物の来歴が詳細にわかる場合がある。いつの時代に、何を製造するために建てられたのか。なぜその場所に建てられたのか。設計者や施工者がわかっていることも多い。

たとえば、東京駅丸の内駅舎は、建物の来歴を尊重した産業遺産の活用の例である（図9・11〜9・13）。元の建物は辰野金吾[*3]が設計して1914年に竣工した赤レンガと

＊3　辰野金吾は、明治政府が招いたジョサイア・コンドルのもとで初めて建築教育を受けた4人の日本人建築家のうちの1人である。

第 9 章　産業遺産のリノベーション——特殊な空間への着目とその利用　　91

白い縁取りが印象的な建物である。

この改修で十分に検討された箇所は、創建時の意匠に戻された部分と新しい意匠とが東京駅全体のイメージと調和するように計画することである。保存する部分、復原する部分、新築する部分のそれぞれが複雑に重なりあっている。

改修の方針は以下の通りである[*4]。

- 創建時の部分が残っているものは最大限に保存し、創建時の仕様が判明しているものについては、可能な限り復原する。
- 根拠に基づく信憑性のある復原を進めるが、推測による復原を禁止する。
- 新しい意匠を取り入れる場合には既存部分と調和し全体のイメージを損なわないこと。

新しく加えた部分には改修年である「2012」の年号が入っているという。

東京駅丸の内駅舎は、国の重要文化財に指定されているが、保存と活用の両方を見据えた改修の方針を立てることによって、将来にわたって建物を使っていくことができる釣り合いのとれた改修が実現している。

9・3
産業遺産の活用に向けて

産業遺産をリノベーションする場合、ファサードの取り扱いが議論になる場合がある。歴史的な建築の外壁だけを保存し、その上に高層ビルを乗せるかたちで建物の高さを高くして容積率を上げると、新しい要求に応えつつ歴史的な意匠を保存することができる。一見、合理的で保存と新しい要求の双方を満たしているように見える。しかし、建物全体を見てみると、全体のプロポーションが悪くなっていたり、歴史的な建物が単なる腰

図 9・11　東京駅丸の内駅舎

(左) 図 9・12　東京駅丸の内駅舎外壁
(右) 図 9・13　南口のドーム内コンコース見上げ。改札を出るとドーム下になる。新たにアルミキャストでつくられた柱に支えられている。資料を基に創建当時の姿に復元されたドーム天井のレリーフがあり、八角形の各コーナーの鷲は現代の素材である FRP で製作されている。壁面には、方位に合わせて干支の彫刻が施されている。

巻のように見えてしまったりと全体の調和が失われてしまうこともある。活用と保存、新旧、過去と未来のいずれも大事に考えながら産業遺産のリノベーションに取り組むことが、次の時代につながるデザインになるだろう。

---

*4　田原幸夫、清水正人、清水悟巳「東京駅丸の内駅舎保存・復原におけるデザインプロセス―重要文化財の保存と活用における理念と手法―」『日本建築学会技術報告集』19 巻（日本建築学会、2013、pp.1209〜1214）

第10章 オフィスビルのリノベーション
── 機能進化か刷新か

10・1
オフィスビルのストックが増えた背景と課題

■ 効率化、高性能化による競争と新たな流れ

オフィスビルは産業の発展、業務の変化にともない20世紀に急速に顕在化したビルディングタイプである。

業務の効率化を求める発想から縦動線と水回りをまとめたコア[*1]とそれ以外の無柱空間を効率良く納めるプランニングが多く流布した。さらに土地の効率的な活用を追求する姿勢と建物高さがステータスシンボルとなる風潮から超高層のオフィスビルが数多くつくら

れた。また、情報技術の発展に追従するようにオフィス空間のインテリジェント化[*2]が進んだ。

今日では環境問題への対応を積極的に行う大規模オフィスビルが増えている。日建設計が設計したNBF大崎ビルはその好例だ（図10・1）。バイオスキンと呼ばれる水の流れるテラコッタ製のルーバーが外壁面を覆い、ビルだけでなく周辺の外部環境の制御までを行う。

こうした中「2003年問題」「2010年問題」[*3]といわれたようにオフィス床は供給過剰の状態になっている。オフィスビルは生き残りをかけて環境性能やIT環境のハイスペック化によって他のビルとの差別化を図ろうとしている。

このようなスペック重視の流れの一方で既存ビルの古さを生かした自由な雰囲気のオフィスを求めるベンチャー企業などのニーズが顕在化してきた。中小規模のビルのリノベーションでこうしたニーズに応える事例が現れてきている。

10・2
大規模オフィスの進化と中小規模オフィスの刷新

コアと執務空間という構成により利用効率を高めたオフィスビルでは、平面計画の大胆な刷新というよりも、耐震性能や環境性能といった基本スペックの拡充が求められている。大規模なオフィスビルでは、その上でさらなるインテリジェント化を図ったり、アメニティ性を高める改修を行っている。他のビルディングタイプでは用途や使われ方が現代の要請に応えられなくなり、廃れた後に再生が図られているものが多いのに対して、大規模オフィスビルは進化し続けることで活用され続けている稀有なビルディングタイプである。

我が国初の超高層オフィスビルである霞が関ビルでは耐震改修やIT化を進めるだけでなく飲食店舗の入る低層部の拡充（2009年）でアメニティ性を高めている。

一方、中小規模のオフィスビルはハイスペック化による差別化で

図10・1　NBF大崎ビル（2011年新築）

[*1] エレベーター、階段、トイレ、パイプシャフトなど、執務空間以外のスペースを集めた部分。耐震壁をこの部分に集めるなど構造の重要な部分にするケースも多い。
[*2] 情報化社会の業務に対応するため通信機能を高めるだけでなく、空調や電力、セキュリティなどの自動制御に建物を対応させること。
[*3] 再開発等による1990年代以降のオフィスの大量供給や、2007〜2009年頃の団塊世代の大量退職により、オフィスの大幅な空室率の上昇や賃料低下が2003年および2010年ごろに発生するだろうと予測された。

第10章　オフィスビルのリノベーション——機能進化か刷新か　93

は大規模オフィスに対して勝ち目はなく、別の価値観での改修が求められている。ベンチャー企業向けにカスタム可能なスケルトン状態のオフィス空間を提供する事例が出てきている。

中小規模のオフィスビルではエリアの特性から判断して、オフィスとしての再生ではなく新たな用途での活用をする事例も各地で現れている。

10・3
多様化するオフィス改修

1. 創意を駆り立てるオフィス
——ザ・パークレックス日本橋馬喰町

■ カスタム可能なオフィス

問屋のビルをカスタム可能なオフィス空間としてリノベーションした事例[*4]。ワークスペースを自らつくり込むことを好むベンチャー企業向けのオフィスとなっている。

フロア貸しのオフィスビルとして、エントランス周りと共用部はオフィスとしての構えをつくってある一方、各オフィス空間はコンクリートの躯体現しで各テナントが自由に内装をつくる設定となっている。設備として用意されるのは必要最低限の電気設備と水回り機能。使い手の創意を受けとめるキャンバスのような空間である。

図10・2　Open A のオフィス

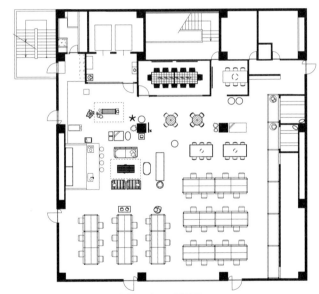

図10・3　「ザ・パークレックス日本橋馬喰町」平面図

■ まるで工事中のようなオフィス

最上階にはここを設計したOpen A が入居している。彼らは約400m²のフロアを1社で使い切るのではなく、一部をシェアオフィスとして運営している（図10・2）。大きな空間にはデスクと収納を兼ねた背の高い家具が並び、入口付近には大きなキッチンの他イベントやプレゼンテーションに使える場所がある（図10・3）。オフィスの内装は天井を張らずに設備機器はむき出しに、床はコンクリートに塗装、仕上げ切らないことで自由な雰囲気がつくられている。常に工事の途中であるかのような

[*4]　事業主：三菱地所／設計：Open A／敷地面積：661.10m²／延床面積：3627.36m²

雰囲気は、これから何かが始まるというワクワクした気持ちを掻き立てる。創造的な働き方をする人たちが集まる場となっている。

2. 90年以上使い続けられている人気のオフィスビル
——船場ビルディング

■大正時代の建築計画が今に生きる

この建物は1925年に住居とオフィスが一体となったビルとして建てられた。その後、周辺がオフィス街へと変遷し、この建物もオフィスのみのビルへと変わっていった。

レトロな外観も目を引くが、この建物の最大の特徴は4層吹き抜けでオフィスが顔を並べる細長い中庭だ（図10・4、10・5）。中庭沿いの廊下からは窓越しに各部屋の活動がうかがえ、まるで路地が立体的に積み上がったようである。中庭の床は木レンガで仕上げられている。これは荷馬車やトラックが中庭まで入り込んだときの音を和らげるための竣工当初の工夫だという。

そもそも、中庭がなぜあるのかというと、当時は設備機器の性能が良くなく、自然採光、自然通風が必須だったからだ。竣工当初からの建物の特徴は色あせるどころか魅力を増し、現在では空室ができればすぐに入居者が決まる人気のオフィスビルとなっている。

■見立てによるリノベーション

ほとんどすべてが竣工当初のままのように見えるこのビルも立派なリノベーションの事例だ。

かつては荷馬車の荷解き場だった中庭をコミュニケーションの場と見立て、植栽やベンチを置くことで、都会の雑踏の中にしっとりとしたセミパブリックな外部空間をつくりあげている。空間自体に大きな変化を加えなくても、そこの意味を読み替えることでこれほど魅力的な場ができるのである。

こうしたことがユーザーのクリエイティビティを刺激するがゆえに次々とここを使いたいという人が現れるのである。

図10・4　船場ビルディング。植栽が置かれた中庭

図10・5　外観。中央の入口からまっすぐ進むと中庭に出る

第 10 章　オフィスビルのリノベーション――機能進化か刷新か　95

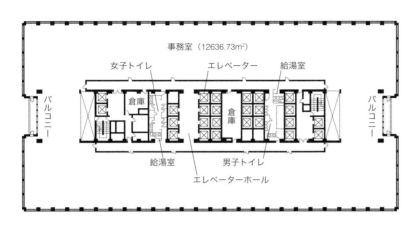

図 10・6　「霞が関ビル」基準階平面図

図 10・7　「霞が関ビル」外観。左奥が東京倶楽部ビル

3. 進化し続けるオフィスビル――霞が関ビル

■日本初の超高層ビル

霞が関ビル[*5]は 1968 年に竣工した日本初の超高層ビルで、地上 36 階、地下 3 階、高さ 147m、延べ床面積約 15.4 万 m² の大規模オフィスビルだ。基準階は 42.4m × 83.2m の長方形で、それとほぼ相似形のコアが長方形平面の中央に位置しているセンターコア形式の平面計画となっている（図 10・6）。また、この計画では超高層化することで土地を高効率に利用し、建物の足元に 1 万 m² に及ぶ緑の広場を形成した。

■インテリジェント化、アメニティの向上

竣工から 21 年経った 1989 年から 1994 年にかけてのリニューアルで、空調、電源、給排水の設備の一新に加え、オフィス空間のインテリジェント化が図られた。

さらに 2009 年には隣の東京倶楽部ビルと低層部でつなぎ、その部分に、飲食店舗を整備しアメニティの充実を図っている（図 10・7）。

次々と誕生する最新鋭の大規模オフィスとの競争に耐えるために日本初の超高層ビルはスペック向上を図り、現在に至っている。

4. オフィスビルから宿泊施設への転用――HATCHi 金沢

■北陸の魅力を発信するホテル

最後に 1 つオフィスからの転用事例を紹介する。かつて「仏壇センター」と呼ばれ、1 階が仏具販売店、2～4 階がオフィス、地下 1 階が飲食街として使われていたビルがホテルとして再生した[*6]。金沢の観光スポットとなっている、ひがし茶屋街や主計町茶屋街の近くに立地している。

北陸の旅の「発地」となることをコンセプトに、ドミトリーや個室タイプの宿泊室と 1 階のダイニングやカフェ、ポップアップショップで構成されたホテルである。

1 階は宿泊者以外も利用できる店舗でまちの新たなスポットとなっている。ポップアップショップ（期間限定の店舗）では地域の作家による作品が売られていて、ここにしかないようなローカルなものに出会える。地下にはシェアキッチンがあり、料理教室をはじめとしたイベント利用ができる。

[*5]　事業主：三井不動産／設計：山下寿郎設計事務所（新築時）、日本設計（改修）
[*6]　事業主：リビタ／企画・統括設計：リビタ／設計：プランニングファクトリー蔵、E. N. N（飲食区画）、POINT（屋台カート）／敷地面積：323.23m²／建築面積：231.00m²／延床面積：933.30m²

■ 新旧を混合させたデザインで今と昔を伝える

外観は1階部分を集中的に改修し、ホテルとしての新しい顔をつくっている。新しい顔ではあるが、古びた壁面やタイルをそのまま活かしながら、新しいサッシや庇、サインを設けて、新旧が混合したデザインでまとめられている。2階から上を見るとかつてのオフィスビルのファサードが残されていて、この場所のかつての姿も伺える（図10・8）。

内装も古いものと新しいものの混成である。1階では既存のコンクリート躯体を現しにした空間にカフェスタンドやレストランのカウンター、レセプション周りのショウケースがインストールされている。床を見ると今では珍しい人研大理石の仕上げが残されている（図10・9）。

かつての面影に新たな要素を重ねることで、今と昔を上手に伝えるデザインが、歴史文化を売りにした観光名所に近い宿泊施設にふさわしい空間を生み出している。

10・4 変わるオフィスのあり方

かつては自社ビルがオフィスの王道であったが、近年は上場企業であっても自社ビルを構えず、賃貸のオフィスビルに入居するほうが一般的である。さらに、ここで見たように、自らの手でオフィス空間をカスタマイズしたり、レトロなビルで独特な世界観を楽しんだりと企業側のオフィスに対する考え方も変化してきている。

小規模企業が同居するシェアオフィスもそのひとつである。比較的少額でワークスペースが確保できることに加えて、情報共有や人的つながりなどビジネス面でのメリットが魅力となっている。さらに、同一事業者が複数の場所を運営することで入居企業が各地のスペースを利用できるサービスが始まっている。(株)ツクルバが運営する「Co-ba」や東急電鉄の運営する「NewWork」などの事例がある。こうしたサービスを大企業が各地のサテライトオフィスとして利用する例も出てきている。

企業が考えるオフィス像は常に変化している。既存のオフィスが存続していくにはこうした変化への対応も必要になる。

エリアの状況が変わり、オフィスとしてのあり方を変えても存続

図10・8　「HATCHi 金沢」外観。庇やサッシは今回のリノベーションで設置された

図10・9　1階ロビー内観。奥が飲食スペース

が難しい場合は転用が求められる。宿泊施設になった「HATCHi 金沢」の事例のようにエリアの特性に合わせた新たな用途を模索する必要がある。

参考文献
・日本建築学会編『建築設計資料集成　業務・商業』（丸善、2004）
・倉方俊輔、柴崎友香『大阪建築　みる・あるく・かたる』（京阪神 L マガジン社、2014）
・橋爪紳也監修・著、高岡伸一、倉方俊輔、嘉名光市編集・著『生きた建築　大阪』（140B、2015）
・吉田茂「都市の記憶　竣工 40 周年 霞が関ビルディング」『オフィスマーケット IV』2008 年 9 月号
・リビタ「HATCHi 金沢／ THE SHARE HOTELS」『新建築』2016 年 9 月号

第 11 章 商業施設のリノベーション
—— 消費の変化と地域拠点化

11・1
商業施設のストックが増えた背景と課題

1. 中心市街地に大型商業施設のストックが増えた背景

　商業施設といっても大小さまざまなものがあるが、ここでは近年、本来の商業用途での活用が滞り、再生あるいは転用が求められているビルディングタイプである大型商業施設を扱う。まず、どのようにして大型商業施設のストックが増えていったのかを見ていく。

　1960 年代ごろの商業は各地で活況を呈しており、商店街も元気で、百貨店のような大型商業施設もこのころまでには主要都市で見られるようになっていた。その後、ドーナツ化現象が起こり中心市街地が空洞化、多くの商店街や百貨店が衰退していった。一方、人口が増えた郊外ではショッピングセンターがいくつもつくられた。80 年代後半から 90 年ごろの消費拡大のころに大型の商業施設が息を吹き返し、百貨店や大型スーパーが地方都市中心部で店舗展開をしたが、バブルの崩壊やネット通販の普及もあり、近年では閉館に追い込まれるところが少なくない。

このようにして各地方都市の中心市街地に遊休化した大型施設が増えていった。

2. 大型商業施設の再生における課題

　これらの大型商業施設は、再生の必要性が叫ばれて久しい中心市街地にあって一際大規模なストックとなっている。行政が出張所などを置いて活用を試みる事例もできているが、大きな床を持て余し気味で成果が上がらないケースを多数見かける。従来からあったサービスを移動してくるだけではまちの再生はおろか、施設の再生もままならないのである。

　まちに新しい活気をもたらすコンテンツと建築の再生が合致した新たな再生計画が求められている。

11・2
建物単体にとどまらない再生

　かつての百貨店が大きな人の流れをつくっていたように、中心市街地に広い床を持つ建築の再生はまちへの波及効果も大きいはずである。周辺の特性を読み込んだ上で、建物単体での再生にとどまらない視点が求められる。

ネット通販の普及などにより、消費の傾向が変わり、大型商業施設はのきなみ苦戦を強いられている。再生にあたっては単なる商品の売り買いといった従来の消費のためではない活用方法が求められている。後述する再生事例では商品というよりは体験を提供する場として再生している。

　また、建物としては開口が少ないことや、設備系統が不十分といった、このビルディングタイプにありがちなデメリットを克服する企画やデザインが必要である。

　ここからは中心市街地空洞化の負の象徴ともいうべき遊休化した大型商業施設が、情報発信や新たなコンテンツ創造を担う地域拠点として再生した事例を見ていく。

11・3
新たな地域拠点としての再生

1. 商業施設改め文化施設としての再生——アーツ前橋

　群馬県の県庁所在地である前橋市の中心部エリアに位置する元商業施設が美術館として再生した[1]。この建物は、1960 年代から形づくられ活況を呈した商店街に位置する。地下 1 階、地上 9 階建ての映

第 11 章　商業施設のリノベーション——消費の変化と地域拠点化　　99

図 11・1　「アーツ前橋」外観。上部は駐車場

図 11・2　「アーツ前橋」エントランス

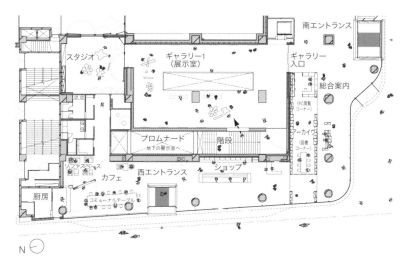

図 11・3　1 階平面図。通り沿いに賑わいが見えるようになっている (提供：水谷俊博建築設計事務所)

画館と駐車場を含む商業施設として 1987 年にオープンした。その後、商店街が衰退し、この商業施設も 2006 年に閉館した。その後、市が施設を買い取り、市立美術館として転用された。商店街にある立地を生かしてアートでまちを再生していくことを目的としている。

改修後の建物は丸い穴の開いた白いパンチングメタルの外観が特徴となっている（図 11・1）。角地立地の特性を生かして、1 階は道に沿うようにエントランスホール、アーカイブコーナー、ミュージアムショップ、カフェが配置されている。これらの場所に人がたたずむ様子が通りから良く見える。人通りが少なくなってしまったまちに人の気配と活気をもたらそうとしている（図 11・2）。

展示スペースに目を向けてみると、もともと窓の少ない商業施設はあまり窓を必要としない展示施設に向いているといえる。一方で階高が一様という点は展示の空間としては変化に乏しいが、改修後の展示スペースは 1 階と地下を回遊する立体的な構成となっている（図 11・3）。そこではエスカレーターがあった部分を吹き抜けとして活用したり、一部のスラブを取り除いて階段を設けるなど、既存建築の弱点を克服している。

＊1　事業主：前橋市／設計：水谷俊博建築設計事務所／敷地面積：2629.69m²／建築面積：1923.16m²／延床面積（美術館部分）：5517.38m²

2. 商業施設の再生プロセスにソーシャルデザインを組み込む
——マルヤガーデンズ

図 11・4　マルヤガーデンズ。リノベーションで植物の絡まった外観となった

図 11・5　ガーデンの様子

図 11・6　ガーデンから発展し、出店したテナント

鹿児島市の中心市街地にある大型商業施設で、かつては百貨店として営業していたが、2009 年 5 月に閉館。その後リノベーションを経て 2010 年 4 月にテナント型商業施設[*2]として再生した（図 11・4）。

このリノベーションの特徴はソーシャルデザインが再生プロセスに組み込まれ、さまざまな人たちが関わり、コミュニティが生まれ、多様な活動を通して、新しい出店者や商品のつくり手を発掘していったところにある。建築のプランニングでは、一般の商業施設であればすべてをテナントスペースとして使うところを、あえて一部を市民に開かれたイベントスペース（ガーデン）とし、各フロアに配した（図 11・5 〜 11・7）。ガーデンで行われるコミュニティの活動は野菜販売やアートの展示、映画上映、各種教室など多岐に渡った。また、増築のたびに増えていった既存の避難階段を、避難安全検証法[*3]を用いて合理的に整理し、建物の外形を変えずに売り場面積を増加させている。

ガーデンとテナントの活動が功を奏し、この商業施設に再び多く

[*2]　事業主：丸屋本社／設計：みかんぐみ／敷地面積：3511.71m²／建築面積：2932.00m²／延床面積：22497.99m²
[*3]　2000 年の建築基準法改正により、安全に避難できる性能を検証できれば、法規で定められた従来の仕様や避難距離に従っていなくてもよいこととなった。この安全性を検証する方法が避難安全性検証法である。

第 11 章 商業施設のリノベーション――消費の変化と地域拠点化　101

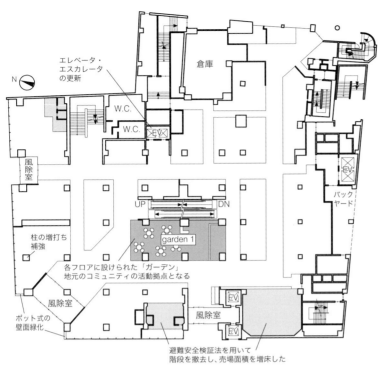

図 11・7 「マルヤガーデンズ」1 階平面図 （提供：みかんぐみ）

の人が訪れるようになった。その後、新規出店希望者が増えたことやテナントの入れかえ、イベントの位置づけの見直しなどにより、ガーデンの数が減少している。常に変化していくことが宿命の商業施設としては、こうした新陳代謝のサイクルが出てきたことは健全な流れとも捉えられる。

一方で、ガーデンがなくなり、すべてが商業スペースとなり、テナント構成のコンセプトが特徴を失っていくとしたら元の木阿弥である。ガーデンから新しいコンテンツを生み出しながら、商業施設として新陳代謝していくバランスをどのようにとっていくのか、今後が注目される。

ちなみに、ここで生まれたコミュニティは今も健在で鹿児島のまちなかで新しい活動や店舗を生み出している。マルヤガーデンズは商業施設の再生であると同時にまちの再生の一翼も担っている。

3. 商業ビルから地域の魅力を伝える宿泊施設への転用
――タンガテーブル

福岡県北九州市の JR 小倉駅から徒歩 10 分ほどの場所にある商業ビルの 4 階が宿泊施設として生まれ変わった[*4]。このエリア一帯の再生を牽引してきた「リノベーションスクール」[*5] で生まれたアイデアが実現したものもある。

中心市街地の好立地とはいえ、広すぎる面積と 4 階にあって入りにくいことがネックとなり、長い間空き物件となっていた。偶発的にこの場所を見つけて入ってくるということは考えにくく、活用にあたっては目的性の高い用途が求

図 11・8 タンガテーブル。DIY で仕上げた飲食ゾーン

＊4　事業主：北九州家守舎／設計：SPEAC／改修部分対象面積：725.48m²
＊5　不動産の再生を通じて新しいビジネスを生み出し、エリアを再生する実践と教育を兼ね備えたイベント。受講生たちは実際の建物を対象に再生事業を構想し、不動産オーナーに提案を行う。北九州では 2011 年から 2017 年まで半年ごとに行われ、数々のプロジェクトが実現し、エリアの再生に貢献した。

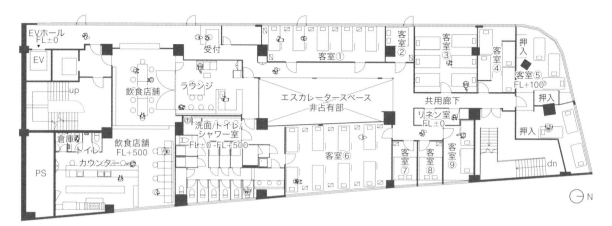

図 11・9 「タンガテーブル」平面図

められた。そこで浮かび上がったのが増えつつある海外からの旅行者のニーズである。その旅人たちに北九州の魅力を伝えることができる宿泊施設が構想された。

川を挟んで隣接した場所には「北九州の台所」と呼ばれる旦過市場がある。さまざまな土地の食材が並び、人々が行き交う活気溢れる場所で、観光スポットでもある。ここの魅力である北九州の食を伝える場としてタンガテーブルは計画された。遊休化していた商業ビルの1フロアを地域の情報発信拠点として甦らせている。

平面計画は飲食ゾーンと宿泊ゾーンからなる。飲食ゾーンでは地元の食材を使った料理が提供される。内装はリノベーションスクールを通じて集まった仲間がDIYで施工した（図11・8）。宿泊ゾーンは2段ベッドの並ぶドミトリータイプから数名が布団を敷いて寝られる個室まで、さまざまな人数の旅行客に対応している（図11・9）。

11・4
消費の場から地域のコンテンツ創造の場へ

中心市街地の大型商業施設はまちの中心として人々に認識されてきた。廃れてきているとはいえ、この場所の再生が持つ意味は大きい。かつてはどこかで創造されたものを消費する場として君臨した大型商業施設は、消費構造の変化にともないその役割が変わってきている。ここで取り上げた事例はどれも地域ならではのコンテンツを生み出し発信する場として再生している。これからの人口減少時代、まちは独自の魅力を持たなければ、選ばれるまちとして生き残ることは難しい。廃れてしまった大型商業施設は、まちの新たなコンテンツとなり、魅力を発信することができる、立地と規模を兼ね備えた重要なストックと捉える必要がある。

参考文献
・日本建築学会編『建築設計資料集成　業務・商業』（丸善、2004）
・猪熊純、成瀬友梨責任編集『シェア空間の設計手法』（学芸出版社、2016）
・みかんぐみ「Maruya gardens」『新建築』2011年5月号

第12章 エリアのリノベーション
—— 多様な実践の重なり

12・1
エリアの
リノベーションとは

1. 都市計画とリノベーション

　国勢調査による日本の総人口は、1920年の調査開始以来2010年まで増加し続け、2015年に初めて減少に転じた。国立社会保障・人口問題研究所による将来推計では、今後も長期にわたって減少が続き、2060年には日本の人口はピーク時の7割程度になると予測されている。

　このような変化に対して、市街地拡大圧力の存在を前提として策定されてきた従来の都市計画は大幅な見直しを迫られ、国土交通省でも「コンパクトシティ」の考え方を基本として、さまざまな計画を見直す指針を示すこととなった[1]。しかしながら、いったん拡散してしまった市街地が、簡単に開発前の状態に戻るわけではない。

　従来の都市計画では、土地利用の面的規制であるゾーニングと都市施設の計画的配置が主な内容であったが、それらはいずれも、開発圧力の存在と施設整備のための資本投資を前提としており、それらの条件が整わない人口減少下の施策としては実効性が乏しい。

　また、多くの農山村地域で過疎化が進行する一方で、都市部への人口集中傾向は続いており、大都市中心部、都市郊外、地方の中核都市、地方周縁部では、それぞれ対応すべき課題が異なっている。

　そのような中で、地域の違いに関わらず、さまざまな都市的課題の解決策として注目されるようになってきたのが、リノベーションという環境構成要素の更新手法である。リノベーションでは、環境を構成する要素ごとの実状を踏まえ、具体的な必要性と可能性に応じて既存施設の更新を、個別的に実施することができる。また、多くの場合には、比較的少額の資本投資で更新が可能となるため、経済の低迷期においても、事業として成立しやすい。これからの環境整備において、リノベーションが有効な手法となると考えられるのは、このような理由による。

　都市や地域を射程に入れるとき、個々の建物だけでなく、公園や道路、農地、河川や山林といった外部空間も、リノベーションの対象として捉えられる。また、古いものを完全に新しいものに置き換えたとしても、それがエリア[2]を構成する部分的な要素であり、それを置き換えることで、既存のまちや地域全体を魅力的な空間へと生まれ変わらせることができるとすれば、小さな単位ごとの建て替えや再整備も、エリア全体のリノベーション手法に含まれるものとして捉えることができる。

2. 要素どうしの関係づけ

　リノベーションは、直接的にはハードウェアである個々の環境構成要素の更新作業に他ならないが、それらをエリア全体の改善に生かすためには、更新された要素どうしを関係づけ、集積された多様な要素をネットワーク化してうまく活用していくためのソフト面での工夫が欠かせない。

　もちろん、個々の建物においても、その改修計画は常に用途や事業性などのソフト面の計画と一体

＊1　国土交通省が2014年に公表した「国土のグランドデザイン2050」には、今後の地域構造を「コンパクト＋ネットワーク」という考え方でつくりあげ、国全体の生産性を高めていく方針が示されている。

＊2　本書では「エリア」を、まちの中の小領域から地域全体までの、環境を特徴づけるなんらかの構成要素と活動が集積する空間の広がりを指す言葉として用いている。

的に立案される必要があるが、リノベーションの対象が、まちや地域へと広がるとき、対象となる空間に関わる人々はより多様になり、多くの事業主体が複雑に絡み合ってくる。したがって、エリアのリノベーションにおいては、それらを相互に関係づけるための創意工夫が、ますます重要になってくる。

3. 事業主体の多様性

エリアを構成する個々の要素のリノベーションを行う事業主体には、自治体などの公的事業者と、企業や個人等の民間事業者の双方が含まれる。公的施設の整備においては、近年ではすべてを行政が担うのではなく、設計、建設、維持管理、運営等において、民間の資金やノウハウが導入されることが多くなっており、色々な決定のプロセスにおいて、一般市民が参加できる機会が設けられることもある。また、まちづくりに関する活動を行うNPOや社団法人、市民団体、企業組合等が中心となって進める、多種多様な事業が存在する。

さらに、改修対象となる物件の土地と建物の所有者が異なる場合もあり、これら不動産の権利者と管理者、使用者の組み合わせも多様である。リノベーションされた個々の要素をエリア全体の価値向上につなげていくには、利害関係者の間で目的を共有し、事業実施のための合意形成を図っていく必要がある。

次節以降では、都市の中心部から農山村地域まで、立地条件において状況が異なるさまざまな事例を取り上げつつ、各事例の事業主体の違いにも目を向け、中心的な役割を果たすのが自治体であるもの、企業や個人であるもの、NPO等の公的機関であるものなどを比較して、リノベーションに関わる多様な主体間の連携の仕組みについても考察する。

12・2
都心部のオープンスペース
——道路や河川の利活用

都市の中のオープンスペースは、そこに住まい、そこで働く人々にとっての憩いの場であり、自由な出会いの場でもある。

ところが日本の多くの都市では、経済発展とともに土地の効率的利用が優先され、市街地の拡大と高密度化が進んだ結果、公園や緑地として計画的に残されたオープンスペースの量は、必ずしも十分ではない。また、道路や河川も、都市の中の貴重なオープンスペースであるはずなのだが、それらの多くは、交通機能や治水機能に特化して整備されてきた結果、都市のアメニティを高めるような空間になっていないのが実情である。

しかしながら今、産業構造や経済環境の変化によって活力が低下した都市の再生を図るとき、そこに住まい、そこで働く人々の環境を改善し、都市の空間自体の魅力を高めることが、とても重要な課題となっている。そのためには、公園や緑地だけでなく、道路や河川の機能なども見直し、さまざまなオープンスペースをリノベーションして、都市のアメニティの向上に活かしていくことが求められている。

1. 道路空間の再編
——歩行者空間の充実による
賑わいづくり

■ 回遊性の創出：
　松山における取り組み

松山市のロープウェイ街は、松山城の麓にある延長約500mの商店街である。観光地への主要なアクセスにあたりながら沈滞傾向に

図12・1　松山ロープウェイ街（整備後）（提供：小野寺康都市設計事務所）

第 12 章　エリアのリノベーション——多様な実践の重なり　　105

あった商店街の活性化を図るため、2車線であった車道を1車線に縮小し、形にも緩やかな曲線を取り入れることで走行速度の低下を促し、道路空間が歩行者にとって快適なものとなるようにした。合わせてアーケードの撤去、沿道建物のデザインガイドラインの設定などを行い、まち並み景観の向上を図った（図12・1）。

整備内容の決定にあたっては、行政と地元関係者との間で継続的に協議が行われ、道路空間の再編、電線類の地中化、舗装の高質化、バリアフリー化などの道路事業を松山市が2002～2006年に施工し、デザインガイドラインに即した沿道建物の看板、テント、外壁などの整備を地元商店街が2003～2004年に施工した。その結果、整備完了後の歩行者交通量は、整備前に比べて大きく増加した。

もう1つ、松山市で注目されるのが、道後温泉周辺の広場と歩行者空間の整備である。こちらは愛媛県、松山市、各建物所有者の3者の協働で実施された。2002～2009年に愛媛県および松山市が県道と市道を振り替えて電線類の地中化や歩行者専用空間の創出などの道路事業を施工し、2007年に地元まちづくり団体が作成したデザインガイドラインに沿って、2007～2009年に各地権者が沿道建物の看板や外壁の整備を行った。道後温泉本館のまわりや最寄りの道後温泉駅周辺では、かつて車と歩行者が錯綜し、散策する人々の滞留空間を確保できていなかったが、歩行者と自動車の動線を分離することで、駅から道後温泉本館まで、観光客等が安全に歩き回り、ゆっくりとまちを楽しむことのできる回遊空間が生み出された（図12・2～12・4）。

■滞留空間としての歩道活用：神戸における取り組み

神戸市でも、2016年に作成された「みちづくり計画」では、特に三宮周辺の都心部における道路空間を、まちの賑わいを創出するための空間としてリデザインする方針が定められ、通過交通を外周道路へ誘導することによって、憩いや賑わいのための空間機能を高めることを目的とした道路の再整備が進められている。

JR貨物駅跡地につくられ、2010年にオープンした「みなとのもり公園」への三宮駅からの経路となる「葺合南54号線」では、やはり車線を減少させ、歩行者優先の道路へと改修する整備が2016年

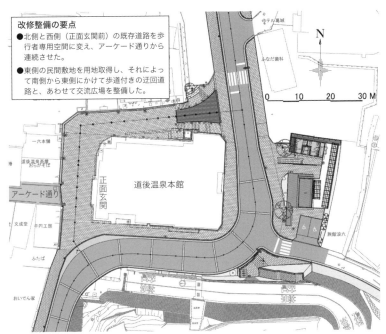

図12・2　道後温泉本館周辺改修整備後平面図（提供：小野寺康都市設計事務所）

図12・3　道後温泉本館周辺（整備前）（提供：小野寺康都市設計事務所）

図12・4　道後温泉本館周辺（整備後）（提供：小野寺康都市設計事務所）

から始まった。歩道上にはベンチを配置するなどして滞留空間が整備され、車道も蛇行させることにより、車の走行速度の抑制が図られている（図12·5、12·6）。

道路空間では歩車道の区別に関係なく、原則として通行の妨げになる工作物等の設置が禁止されているが、一方で、憩いや賑わいのための空間機能を強化するためには、ベンチや机、日よけや植栽といった、そこで快適に過ごすことを可能にするためのさまざまな装置を設置することが必要となる場合も多い。

そのため、これまでにも法令の改正等を通して、一定条件の下でそれらの設置を可能とする工夫が行われてきた。1993年の道路法施行令改正では、ベンチとその上屋（日よけ等）を、道路管理者が道路の付属物として設置することが可能になった。地方公共団体が関わるイベント等の実施主体も、一定の条件を満たせば道路占用許可を得て椅子やテーブル等を設置することが可能である。その許可要件については、2005年の国土交通省通達で柔軟な対応が行われるようになり、2010年の都市再生特別措置法では、都市再生整備計画区域内でのさらなる要件緩和が進められた。道路交通法上は、警察署長の道路使用許可を受けなければならないが、2004年の警察庁通達により、地域活性化等を目的とするイベント等の場合には柔軟な対応が行われるようになった。

三宮周辺でも、このような状況の変化を受けて、歩道上でのオープンカフェの開設や、車道の停車帯を利用したパークレット[*3]の設置が行われている（図12·7、12·8）[*4]。

道路の改修は、地方自治体等が事業主体となるため、基本的には行政が中心となって計画を進めることになるが、その空間を利活用するのは一般市民であり、その賑わいの演出には、沿線の店舗等との結びつきが欠かせない。実際に、上で紹介した三宮中央通りにおけるオープンカフェやパークレットの場合には、沿線のまちづくり協議会が、清掃や花壇整理等の日常管理を引き受けている。

誰もがアクセスすることのできる公共空間である道路を、行政と民間とで役割分担して管理しつつ活用することが、これからの時代に求められている。そのようなハード・ソフト両面からの創意工夫を加えることによって、道路はエリア内のさまざまな場所を関係づけ、都市の魅力を高める重要な空間要素としてリノベーションすることが可能になる。

図12·5　葺合南54号線（整備前）

図12·7　オープンカフェ（三宮中央通り）

図12·6　葺合南54号線（整備後）

図12·8　パークレット（三宮中央通り）

[*3] 車道の一部（停車帯等）に設けた休憩所などの小規模な歩行者向けのスペース。
[*4] 実際には、三宮中央通りでのオープンカフェは、短期間の場合には道路占用許可が不要であるため、道路使用許可のみによるイベントとして実施されている。また、パークレットは道路使用許可による社会実験として実施した後、道路管理者による道路付属物として設置されている。

第 12 章　エリアのリノベーション——多様な実践の重なり　107

図 12・9　大阪都心部の主な水路

図 12・10　北浜テラス

2. 水辺空間の利活用
——水都大阪

　大阪の都心部では、近世に数多くの堀川が開削され、以降、水運を活用した商都として発展してきた。しかしながら、物流の主役が鉄道や車に移行すると多くの水路が埋め立てられ、残った水路も防潮堤の築造や水質の悪化とともに、その価値が大きく低下してしまった。

　とはいえ、現在でも大阪城の北には旧淀川である大川が流れ、大阪の顔ともいえる中之島を堂島川と土佐堀川が囲み、その南側には、土佐堀川と東横堀川、道頓堀川、木津川でロの字に取り囲まれる形で、最も主要な中心市街地が広がっている（図12・9）。

　そこで21世紀に入るころから、改めてこれらの存在価値を見直し、都心部の水路が人々に与える潤い・安らぎの機能を重視した水辺空間の再整備を行い、外部からの訪問者にとっても、大阪がより魅力的な都市となるように、それらを積極的に活用しようとする機運が高まってきた。そこで大阪府、大阪市、経済界が連携して取り組み始めたのが、「水都大阪」をキーワードとした水辺空間の活用による都市再生のプロジェクトである。

■水際を活かす：中之島周辺
　中之島の東部に位置する中之島公園は、大阪市初の市営公園として1891年に整備され、美術館、公会堂、図書館等の公共施設も建ち並ぶ市民の憩いと交流の場である。

しかしながら、昭和40年代に高潮対策として高い防潮堤が築かれると、これらの公共スペースは、長い間水面との結びつきが弱いものとなってしまっていた。

　京阪中之島新線の開業をひとつのきっかけとして、2008年には八軒家浜の船着場が開設され、大阪大学医学部病院跡地の再開発と合わせて、堂島川沿いの堤防と遊歩道ならびに水運施設の整備が行われた。さらに2010年には中之島公園がリニューアルされ、水辺を生かした遊歩道やレストランなどが整備された。

　また、2009年からは、中之島と土佐堀川を挟んだ対岸の北浜では、川に面する飲食店舗から防潮堤をまたぐ形で伸びる川床形式の桟敷席「北浜テラス」が設置されるようになった（図12・10）。公共空間である河川敷の利用は、北浜地域のテナントや建物オーナー、NPO、住民等からなる「北浜水辺協議会」が河川敷の占用許可を受ける形で可能となっている。

■水面に賑わいの場をつくる：道頓堀川周辺
　商業地の中心を流れる道頓堀川

は、大阪・ミナミの象徴ともいえる存在であるが、こちらでも治水対策のために嵩上げされた護岸や水質汚濁によって、その水面は長い間、まちから切り離された存在となっていた（図12・11）。しかしながら、2001年に道頓堀川と東横堀川の水門が完成すると、水位の制御と水質の改善が可能となり、一連の水辺整備が始まった。

まず初めに、FM大阪本社とスタジオなどを有する「湊町リバープレイス」の開発と連携して、2002年に湊町エリアの遊歩道が整備された。2004年には、戎橋〜太左衛門橋までの約170mの区間の遊歩道もオープンした（図12・12、12・13）。「とんぼりリバーウォーク」という愛称は、このときに市民から募集して名づけられたものである。2008年に開通した「浮庭橋」で結ばれた対岸には、2009年に道頓堀川への眺望を生かした飲食店舗で構成された「キャナルテラス堀江」が完成し、合わせて前面部の遊歩道が整備された。その後も遊歩道は延伸され、2013年には湊町から日本橋に至る道頓堀川両岸に、約1kmに及ぶ親水空間が生まれることとなった。

「とんぼりリバーウォーク」では、基盤整備を大阪市が行い、各種専門家や地元住民や商店街をメンバーに含む「道頓堀川水辺空間利用検討会」で利用方法等を検討した上で、公募で選定した事業者に、遊歩道の管理運営を任せている。遊歩道上に設置される売店等の工作物については、管理運営事業者である南海電気鉄道㈱に占用許可が出され、同社がさらにオープンカフェやイベント開催等の運用を行う民間事業者と使用契約を結ぶという仕組みがとられている。

■ **高架下を活かす：東横堀川周辺**

東横堀川は、大阪城の外濠として開削された大阪市内に現存する最古の堀川であるが、その全域を阪神高速道路の高架が覆い、長い間、まちの裏側の空間として取り残されたような状態になっていた。

ここでは2006年に「東横堀川水辺再生協議会」が大阪商工会議所と地元の関係者によって設置され、水辺の利活用に向けた取り組みが進められている。具体的には、2015年に完成した「本町橋船着場」の設置への働きかけと活用、水辺を楽しむためのさまざまなプログラムや界隈の店舗と連携したイベントの実施などを行っている（図12・14、12・15）。

図12・11　1998年の道頓堀川

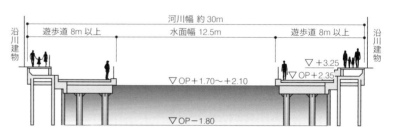

図12・13　「とんぼりリバーウォーク」標準断面図（OP＝TP−1.30m、TPは東京湾平均海面）（提供：大阪市）

図12・12　2016年の道頓堀川

図12・14　「水都大阪2009」で設置された川舞台での「riverside picnic」（提供：東横堀川水辺再生協議会）

図12・15　本町橋船着場

3. 多様な主体の連携

以上で見てきたような大阪の都心部における一連の水辺空間の再整備は、近代以降の都市空間の変遷の中で、それまで担っていた役割を果たせなくなってしまった河川や水路に再び焦点を当て、現代の必要性に応じた新たな方法での利活用を可能にしている。いずれの事例も、単なる景観整備ではなく、水辺の空間に新しく多様なアクティビティを誘発するための仕掛けとして、ハード・ソフトの両面からデザインされている。

その実施主体は多様であり、市民、民間事業者、商工会議所、NPO、そして行政関係者が、個々のプロジェクトごとに違った組み合わせで協力し合っている。

行政は大きな方向性を示して個別プロジェクト相互の調整を図り、NPOや地域からの提案を活かし、ときには民間主体の事業をうまく組み入れつつ、全体として都市空間の魅力と活力が向上するような支援を行っているのが特徴であり、それによって多くの成果を実現できている。

12・3
密集市街地の魅力を活かす
—— 取り残された木造住宅の歴史文化的価値の見直し

大阪では、人口が急増した大正から昭和初期にかけて建設された長屋のうち、戦災を免れ、かつ戦後の開発にも取り残されたものが、今なおいくつかの地域に存在している。経済が低成長期に入ると、これらの歴史文化的価値を改めて評価し、既存の建築ストックを活かすことの重要性に注目が集まり、21世紀に入ったころからは、市内各地で、古い長屋をリノベーションして利活用する動きが顕在化し始めた。

1. 長屋の再生活用
—— 空堀地区

空堀商店街は、大阪都心南東部にある東西約800mのアーケード商店街で、この周辺には古い長屋が多く残っている。2002年にオープンし、この界隈の古い建物の再生活用の機運を高めるきっかけとなったのが、「惣」と名づけられた、大正時代の2連の長屋を再生してできた商業施設である。2006年には、さらに南側の長屋も改修され、合わせて9つの店舗が入る複合ショップとして一体的に運営されている（図12・16、12・17）。

老朽化した長屋に良質な意匠要素を取り込み、路地的な空間も組み入れつつ、地域特性を活かして環境にも配慮した現代的な建物として再生したデザインとともに注目されるのは、このような建物の再生活用を事業として成立させた仕組みである。設計者の六波羅雅一氏は、2001年に、この地域にある長屋の保存再生等を目的とした「空堀商店街界隈長屋再生プロジェクト（からほり倶楽部）」を発足させたばかりであったが、「惣」のプロジェクトは、解体の瀬戸際に

図12・16　「惣」外観

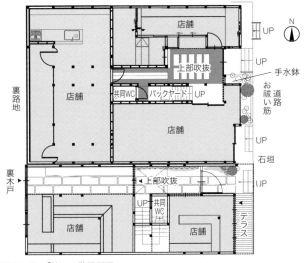

図12・17　「惣」1階平面図　（提供：六波羅真建築研究室）

あった建物の所有者に対して、「からほり倶楽部」側から企画提案したものである。その際、「からほり倶楽部」自身が建物を借り上げ、入居者を集めてサブリースすることで、事業としての採算性を確保した。

このプロジェクトの成功は、同じ設計者による、お屋敷を商業施設に改修した「練」（2003年）、長屋をテナントや直木三十五記念館等が入る複合文化施設に改修した「萌」（2004年）等の実現につながり、他にも多くのリノベーション物件が空堀界隈に生まれるきっかけとなった。

2. 身近なリノベーションの集積
―――中崎地区・豊崎地区

中崎町は、JR大阪駅から北東へわずか1kmほどという立地条件にもかかわらず、長屋が多く残されたエリアである。この界隈に特徴的なのは、若者たちがセルフビルドで改修したカフェや雑貨店等が多く存在しているという点である。建築の専門家でなくとも手がけることのできる、簡便ではあるが、創意工夫にあふれた内装やファサードの改修事例を多く見ることができ、それらの集積が生活感豊かな既存の路地空間に新たな活気を与え、この界隈独特の雰囲気をつくり出している（図12・18）。

ここでは、特に中心的な役割を果たす活動団体や行政支援等がなくとも、身近で手の届く範囲で行われる個々のリノベーションでも、それが集積すれば、地域に新たな価値が生まれ、エリアが再生されうることが示されている。

また、中崎地区の北側に隣接する豊崎地区にも、多くの長屋が残されており、第6章で詳しく紹介された「豊崎長屋」をはじめとした優れた改修事例が存在する。長屋以外でも、2階建ての木造アパートをSOHO（小規模オフィス）に改修した「翠明荘」（2015年）（図12・19）なども、新たな活動の場がこのエリアに集積しつつあることを示す事例として注目される。

3. 地域活動への広がり
―――昭和町駅周辺

大阪市阿倍野区の地下鉄昭和町駅周辺に残る長屋の再生の先駆けとなったのは、「寺西家阿倍野長屋」である（図12・20）。当初はマンションへの建て替えも検討されていたが、建築関係者の働きかけにより家主がマンション建設を思いとどまり2003年に登録文化財となった。また、保存再生と賃貸活用のための改修が施された後、不動産事業としての試算を行ったところ、結果として、マンション建設よりも長屋を改修してテナントを入れるほうが、高収益になることが判明した。

2005年には長屋の向かいの町家と蔵も登録文化財となり、改修の上、地域のイベント会場および飲食店として利用されることとなった。2006年には、この付近を主会場として若者たちが屋台やライブを行う「どっぷり昭和町」が始まり、その後、周辺の多くの店舗や商店街なども参加する地域の1日イベントとなって、2017年現在まで毎年開催されている。また、地元の不動産業者の仲介により、この界隈には多くのリノベーション物件が集積しつつある。1929年に建てられた四軒長屋を改修した「桃ヶ池長屋」も、地域の魅力拠点のひとつである。2013年からは「Buy Local」と名づけられた屋外マーケットが近隣の公園で開催されている。これを運営する地

図12・18　中崎町の路地空間

図12・19　「翠明荘」共用玄関

図12・20　寺西家阿倍野長屋（撮影：寺西興一）

元の不動産、建築、まちづくり等の専門家8人（2018年現在）の集まり「ビーローカルパートナーズ」は、地域に根ざした商いを生活者がともに守り育てることで、地域の価値を高めていく活動を展開している。

12・4 工業地の特性を活かす
——産業構造の変化に対応

1. 創造的活動拠点への転換
——北加賀屋クリエイティブ・ビレッジ

大阪市住之江区北加賀屋は、昭和の初めごろから造船業などを主とする重工業地域として栄えたが、産業構造の変化とともに工場の移転・減少が進み、かつての活気が失われてしまった。木津川沿いにあった名村造船所大阪工場も1988年までに閉鎖され、約4万2000m²の広大な跡地がドックや工場の建物とともに残されることとなった。

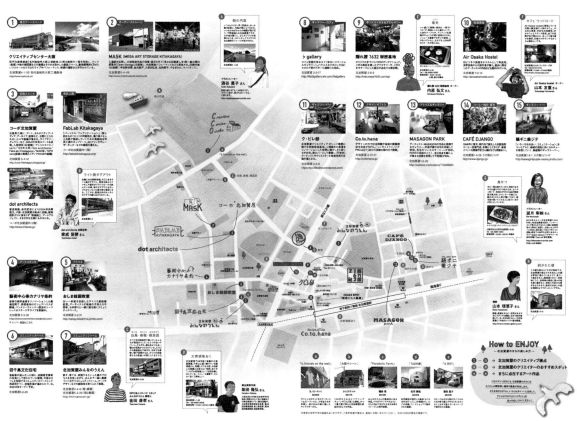

図12・21 「北加賀屋のまちの楽しみ方」マップ（提供：NPO法人 Co. to. hana）

図12・22 クリエイティブセンター大阪（名村造船所大阪工場跡地）

図12・23 北加賀屋みんなのうえん

図12・24 Air Osaka Hostel

土地の所有者である千島土地㈱は、この跡地を新たな芸術・文化の発信地として活用する方針を立て、2004年からアートプロジェクト等による利用が始まった。2007年に同工場跡地は経済産業省が認定する近代化産業遺産に認定登録され、2009年には住之江区長を委員長とする「近代化産業遺産（名村造船所大阪工場跡地）を未来に生かす地域活性化委員会」が発足して、より広く地域の人々を巻き込んだイベントも開催されるようになった。周辺の工場跡、住居跡などの不動産も活用し、近隣エリア一帯で創造的な活動を行う「北加賀屋クリエイティブ・ビレッジ構想」を展開している（図12・21）。

2016年までに、エリア内には約40の「クリエイティブ拠点」が設けられた。それらの中には、造船工場跡地をライブやイベント会場等に用いる「クリエイティブセンター大阪」（図12・22）、空き地をコミュニティファームとする「北加賀屋みんなのうえん」（図12・23）、家具工場跡をファブラボ等の入る協働スタジオに転用した「コーポ北加賀屋」、旧ビジネス旅館をホステルとして再活用した「Air Osaka Hostel」（図12・24）、集合住宅のリノベーションをアーティストが行った「APartMENT」などが含まれている。

12・5 郊外住宅地の個性を活かす
―― 個別更新によるまちの魅力づくり

1. 住宅をまちとつなぐ
―― 禅昌寺町周辺

神戸市須磨区禅昌寺町は、六甲山系西端部を横切る妙法寺川沿いに位置し、町内の大部分の宅地は、1960年代に開発されたものである。造成された敷地に建設された多くの住宅が老朽化し、間取りや設備の面でも、現代の需要に適合しないものとなっている。このような状況において、近年、地域内

図12・25 街路脇に置かれた植栽や家具

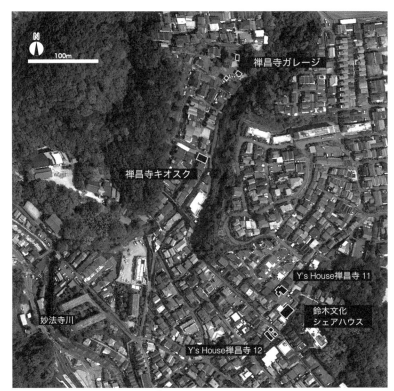

図12・26 禅昌寺町周辺の5つのプロジェクト（地図データ：Google Earth）

＊5 事業主体は大和船舶土地㈱。神戸芸術工科大学プロジェクトチーム（川北健雄、花田佳明、金子晋也、金野千恵、小菅瑠香、中村卓）、㈲ランドサット（安田利宏）、設計組織アルキメラ（山田幸）、KONNO（金野千恵）らが連携して事業計画と設計を行ってきた。

第 12 章　エリアのリノベーション——多様な実践の重なり　113

に多くの物件を所有する不動産会社が、それらの建物の更新を、リノベーションと新築を織り交ぜつつ、大学や設計事務所との連携によって継続的に行っている[*5]。

その際に特に意図されたのが、人々の生活がつくり出したまちの景観要素を積極的に評価することである。この地域では、街路に面して並べられたプランターなどの植栽、道路との境界部分に置かれた家具や建物外壁に設置された道具類などが多く見られる（図12・25）。これらの存在は、個々の暮らしがまち全体とつながっていることの表れであり、それらが周囲の自然や地形と一体となって、エリア全体の空間特性が形成されている。

以下に示す5つの事例（図12・26）では、このような地域の空間特性を継承・強化すべく、住宅をまちにつなげるための、さまざまな工夫がなされている。

■ 文化住宅をまちに開く：
　鈴木文化シェアハウス

高度成長期に多く建設され、関西で「文化住宅」と呼び慣わされてきた木造2階建てアパートの部分的な改修である。築後38年を経て老朽化が進み、全8戸のうち空室となった1階の連続する3戸の改修が行われ、集約した水回りを設けた共用スペースと3つの個室からなるシェアハウスへの組み替えが行われた。

その結果、共用スペースの開口まわりでは、入居者である学生と犬の散歩などで通りがかる地域の人々とが声を掛け合う姿が見られ、高齢化の進むこの地域に活気ある空間が生まれている（図12・27、

図12・27　「鈴木文化シェアハウス」外観
（撮影：多田ユウコ）

図12・28　共用スペース（撮影：多田ユウコ）

図12・29　禅昌寺キオスク

図12・30　「禅昌寺キオスク」路地から見た夕景

図12・31　Y's House 禅昌寺11（撮影：西澤智和）

図12・32　「Y's House 禅昌寺12」と周辺プロジェクト（提供：有限会社ランドサット）

12・28)。

■ **街角に小さな公共スペースをつくる：禅昌寺キオスク**

改修を行った3軒長屋が位置するのは、下町的な風景が魅力的な住宅地への入口にあたる橋のたもとである。この周辺でも高齢化が進み、中央住戸の1階にあったパン屋は閉店して5年以上が経っていた。そこで今回の改修では、若い居住者を呼び込んで近隣の賑わいにも役立つ場所をつくることが期待されていた。

ここでは3軒長屋の西側2軒が、2階に3つの個室、1階に共用スペースを持つ若者向けのシェアハウスに改修された（図12・29、12・30）。閉鎖的になっていた街角部分を開放して自動販売機のある休憩所が設置され、近所の人々が気軽に立ち寄ることのできるまちの「キオスク」がつくられた。メッセージを書ける黒板壁の前のベンチはシェアハウスの居間の縁側へと続き、奥の路地空間へと連続している。上部壁面に設置した電波時計は、行き交う人々に時刻という実用情報を発信する。若者たちとご近所の方々とが縁側で話をする姿も見られるようになってきている。

■ **石垣の保存と歩行経路の創出：Y's House 禅昌寺 II**

前面道路との高低差を処理するために設けられた石垣が、この敷地の最大の特徴であり、同様の特徴を有する隣接地の住宅と一群となって、独特なまち並みを形成している。ここには低い木造2階建ての住宅が建っていたが、構造的にも傷みが著しく、4戸からなる集合住宅への建て替えが行われた（図12・31）。

建て替え前の前面道路の幅員は4m未満であったが、道路向かいの駐車場も同じ事業者の所有地で

図12・33　Y's House 禅昌寺 I2 (撮影：山田圭司郎)

図12・34　周辺での餅つき大会の様子 (撮影：鈴木祐一)

図12・35　禅昌寺ガレージ。A棟からC棟を見る (撮影：多田ユウコ)

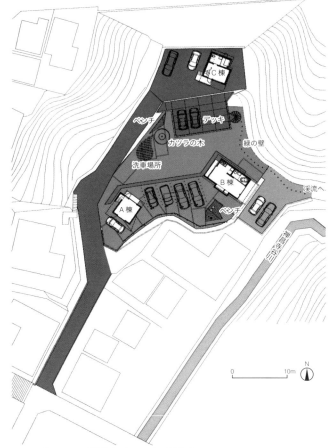

図12・36　「禅昌寺ガレージ」配置図 (提供：設計組織アルキメラ)

あるため、今回の建て替えに合わせて、そちら側の道路境界線を後退させて必要な幅員を確保し、景観上重要な石垣を保存した。また、この駐車場の南側には、前出の「鈴木文化シェアハウス」が位置しており、将来この駐車場に建物が建つ際にも、路地と階段による通路を連続的に確保して、エリア全体の歩行空間の回遊性を徐々に高めていくことが意図されている（図12・32）。

■ 路地空間の創出：
　Y's House 禅昌寺12

ここでは老朽化した木造アパートから4つの家族向け賃貸住宅への建て替えが行われた。

4つの住戸間には、誰もが通り抜け可能な路地空間が設けられている。これに隣接する駐車スペースは、日中の空車時には公開空地のように自由な利用が想定されている（図12・33）。

図12・32は、同じ事業者による周辺プロジェクトとの位置関係を示したもので、先に紹介した「鈴木文化シェアハウス」「Y's House 禅昌寺11」ならびに事業者であるオーナー宅などとのつながりが、日常的な暮らしのネットワークを形成している。2016年と2017年には地区の自治会からの依頼に応じて、オーナー所有のガレージ前の空き地で年末の餅つき大会が開催され、シェアハウスに住む学生たちも協力して近隣の人々が楽しく交流した（図12・34）。

■ 共同駐車場を活かす：
　禅昌寺ガレージ

プロジェクトの対象地は、この地区（禅昌寺町）の住宅地の最奥部に位置する谷間にある。この場所は長い間、地域の共同駐車場として利用されてきたが、車保有者の減少により、近年では駐車枠にも空きが目立つ状況となっていた。

一方で、駐車場全体を宅地開発しても需要が見込めなかったため、ここでは緑に囲まれた谷間という自然環境と、駐車場機能を保持することによる利便性の両立による新たな魅力づくりを意図して、車やバイクに関心のある単身者あるいは若者世帯をターゲットとした延床面積10坪（約33m²）程度の2階建て住宅3棟が、既存の共同駐車場の中に分散配置された（図12・35、12・36）。

駐車場内には、共同洗車場、ベンチ、旗竿つきの螺旋階段、禅昌寺川源流に至る遊歩道など、誰もが利用できる公的施設も配置されている。結果として、殺風景な駐車場が、夜間でも住戸の明かりに照らされ、そこに暮らす人々の気配が感じられる、楽しく安全な場所に生まれ変わった。

12・6
中山間地域における産業創出
—— 多様な活動の連鎖

1.「創造的過疎」への挑戦
　　—— 神山プロジェクト

徳島県神山町は、徳島市から車で40〜50分の、四国山脈の東部に位置している。町面積の約86％が森林で、町の中央を東西に流れる鮎喰川の流域に農地が広がり、その中に小規模な市街地と集落が点在する（図12・37）。1955年の人口は約2万500人であったが、2016年には約5700人にまで減少し、過疎化が進んでいる。

しかしながら、ここでは2012年ごろから、豊かな自然環境と充実した情報通信網に利点を見出したIT企業の立地が見られるようになった。2015年に策定された「神山町創生戦略」では、農林業、建設業、サービス業といった、多様な産業を相互に関連づけ、地域内経済をうまく循環させて新たな雇用を創出し、若者世帯を中心とした転入者を年間44人確保することで、生活インフラを維持できる3000人の人口を確保すること

図12・37　神山町中心部の俯瞰

を目標に定めている。

ここでは、そのような戦略のもとに進められている、産業創出につながる諸施設の整備や、中山間地特有のランドスケープの維持管理にまで視野を広げつつ、いくつかのプロジェクトを紹介する。

■ ITオフィスからの展開：
　寄井商店街周辺

神山町中心部の町役場付近から西に伸びる寄井商店街とその周辺では、まちの活性化に寄与しているいくつかのリノベーション事例を見ることができる（図12・38）。

ここには、旧神領村が林業で活気に溢れていたころに建てられた建物がいくつか残っており、中でも重要な建物のひとつに、「寄井座」と呼ばれる、1929年に開館した劇場の建物がある。1960年に閉館した後は、縫製工場として使われ、工場の閉鎖後は10数年にわたって使われないままになっていたが、2007年に劇場当時の姿へ

の復元が行われ、その後はさまざまなイベントのためのスペースとして活用されている（図12・39）。

2013年に、その隣に建っていた築80年ほどの古民家をIT企業のサテライトオフィスとして再生したのが「えんがわオフィス」[*6]である。ほぼ全面ガラス張りの母屋棟の周囲には、広く縁側が設けられ、外部と内部との連続性がきわめて高い空間となっている（図12・40）。敷地内の広場をはさんだ北側には、1階を映像の編集、デジタル化業

務を行うワークスペースとしたアーカイブ棟が新築され、その西側には蔵をワークスペースに改修した蔵棟や納屋棟が建っている。「寄井座」と「えんがわオフィス」の間にあったブロック塀は「えんがわオフィス」の改修時に撤去され、結果として、これら複数の建物の間にゆったりと広がったオープンスペースが生み出された[*7]。

寄井座の前庭をはさんだ南側には、寄井商店街に面して長屋が建ち、その中には商店街から「寄井

図12・39　「寄井座」（正面）と「えんがわオフィス」（左）

図12・41　「寄井長屋」に設けられた「寄井座」へのくぐり抜け通路

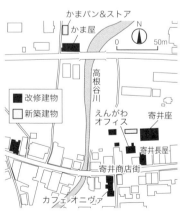

図12・38　寄井商店街と改修、新築が行われた主な建築物の分布

図12・40　「えんがわオフィス」の母屋棟から蔵棟を見る

図12・42　「カフェ オニヴァ」外観

図12・43　「かま屋」と「かまパン＆ストア」
（提供：Food Hub Projects Inc.）

＊6　改修設計：伊藤暁＋須磨一清＋坂東幸輔
＊7　猪熊純、成瀬友梨責任編集『シェア空間の設計手法』（学芸出版社、2016、pp.110〜111）参照。

第12章　エリアのリノベーション──多様な実践の重なり　117

座」へ抜けることのできる約1.5m幅の通路が設けられている（図12・41）。この長屋の西端部の住戸もオフィスに改修されて、2016年に別のIT企業が入居している。

これらの斜め向かいの商店街南側には、築150年ほどの造り酒屋であった建物を改修したフランス料理店「カフェ オニヴァ」（図12・42）[*8]が2013年に開店し、そこから西へ120mほど行った商店街北側には、若い移住者による靴屋と惣菜屋が、同じ長屋の住戸の改修によって、2015年に開店した。

かつては空き店舗ばかりが目立っていた寄井商店街では、リノベーションによって生み出されたこれら複数の施設が相互に結びつき、新しいまちの活性化拠点が生み出された。これらの場における人々の交流自体が、まちの新たな魅力となり、周辺にも連鎖的に新しい店舗や仕事場が生まれるという結果がもたらされている。

■農業を次世代につなぐ：「フードハブ」の取り組み

2017年には、寄井商店街の北を東西に走る国道沿いに、かつての電気店を改修した食堂「かま屋」とパンと食料雑貨の店「かまパン＆ストア」が開店した。これらは、神山町の農業と食文化を次の世代につなぐ活動を展開する「フードハブ・プロジェクト」のための施設である（図12・43）[*9]。

高根谷川沿いの農地を通る道に立つと、南方にガラス面が特徴的な「えんがわオフィス」の蔵棟（図12・44）、北方に新たな集客施設としての「かま屋」が見え、山並みに囲まれた農地の広がりの中に新たな活性化拠点が生まれている様子を確認できる。

■交流拠点の広がり：サテライトオフィス・コンプレックス周辺

神山町中心部において、新しいビジネスコミュニティのもうひとつの活動拠点となっているのが、2013年に開設された「神山バレー・サテライトオフィス・コンプレックス」[*10]である（図12・45、12・46）。この施設は、閉鎖されて使われなくなっていた元縫製工場をコワーキングスペース（共同の仕事場）に改修したもので、619m²の建物内にシェアオフィス、メイカースペース、会議室、多目的スペースなどが設けられている。

図12・45　「サテライトオフィス・コンプレックス」外観

図12・47　「WEEK 神山」客室から鮎喰川を望む

図12・44　「えんがわオフィス」蔵棟

図12・46　「サテライトオフィス・コンプレックス」内部

図12・48　鮎喰川対岸から「WEEK 神山」を見る

＊8　改修設計：PLANET Creations 関谷昌人建築設計アトリエ
＊9　「かま屋」内装設計：Landscape Products co., ltd.、「かまパン＆ストア」設計：島津臣志建築設計事務所、外構設計：株式会社プランタゴ（田瀬理夫）
＊10　改修設計：伊藤暁＋須磨一清＋坂東幸輔＋柏原寛

その道路向かいの敷地に 2015 年に開設されたのが、「WEEK 神山」*11 と名づけられた宿泊施設である（図12・47）。新築された宿泊棟は、近くの山から伐り出された 22 本の檜丸太で支えられている。すべての客室は壁面いっぱいのガラス窓を通して、鮎喰川と周辺の山並みが成す雄大な景観に接している。対岸から眺めると、「WEEK 神山」の宿泊棟が河岸の石積みを基壇として建ち、周辺景観における新たなランドマークとなっていることを確認できる（図12・48）。隣の食事棟は、築70年の古民家を改修したもので、宿泊者と地元の人々との交流の場となっており、各種のワークショップが開催されている。

両施設の西側に位置する「おひーさんの農園チーノ」（図12・49）は、2012年にこの場所にある民家に移住してきた夫妻が始めた有機栽培農園である。住まいに隣接する納屋には「畑ノ上ノ談話室」（図12・50）と名づけられた私設図書館が設けられ、農園主、地域の人々、そして訪問者が一緒に語り合うことのできる場所になっている。また、サテライトオフィス・コンプレックス近くの道路脇には野菜等の直売所も設けられている。

この農園の横にサテライトオフィス・コンプレックスが開設されたのは、まったくの偶然ではあるが、2015年に農園で始まった蚤の市は、2016年からはサテライトオフィス・コンプレックスの多目的スペースで開催されている。隣同士になった人々が自然と交流することで、エリア全体が人々の新たなネットワークの形成拠点となっている（図12・51）。

■山林の活用：大粟山におけるアートプロジェクトの展開

神山町では、長く林業が主要産業として栄えたが、現在では木材の価格低下等により、山林の多くが手入れをされずに放置され、荒れた状態となっている。

大粟山は、ふもとからの標高差が約100mほどのお椀を伏せたような形状を成す、神話の舞台としても地域の人々に親しまれてきた山である。ここでも山林の荒廃化は進みつつあったが、そこに新たな活用方法を見出したのが、1999年から毎年実施されている「神山アーティスト・イン・レジデンス」

図12・49　「農園チーノ」と直売所

図12・50　畑ノ上ノ談話室

図12・51　「神山バレー・サテライトオフィス・コンプレックス」と周辺施設（提供：伊藤暁建築設計事務所）

*11 設計：伊藤暁＋須磨一清＋坂東幸輔

に参加した作家たちである。2002年に英国からやってきた作家が山の中に作品を設置して以来、次々と作品が設置されている。中でも、2012年に招聘アーティスト出月秀明氏によって大粟山の中腹に建設された「隠された図書館」（図12・52）は、地元の人々が卒業や結婚など、人生の節目に寄贈した本を保管し、寄贈した人のみが鍵を持って訪れることができる、記憶の共有と追想のための場所となっている。

今ではこれらのアート作品を見学してまわるアートツアーも開催されるようになり、それらを管理するNPOが中心となって、作品周辺の下草刈りや登山道の整備などが、地域の人々の協力で継続的に行われるようになってきた。

■ 文化的景観の保全：
　上分江田地区の棚田

神山町では多くの農地が斜面地を活用しているため、農業用機械の効率的な利用ができず、経営的にも成り立たずに後継者が不在となることで、耕作放棄地が増加している。自然と人間とがうまく関わり合ってきた結果として形成されてきた、地域固有のランドスケープが、今や危機に瀕している。

神山町上分の江田地区（図12・53）には美しい棚田や段々畑が存在するが、地区の高齢化とともに、その維持活用は困難となりつつある。また、独特の景観を生み出してきた棚田を形成する石積みの技術も、継承者の不在とともに失われつつある。

そこで、町内の人々が「石積み学校」[*12]と協力し、石積みの修復を実施している（図12・54）。「石積み学校」は修復が必要な場所でワークショップを開催することで技術の継承と修復を同時に行う活動である。神山での開催では、町内の若者や移住者が参加して技術を学び、地域の景観を自分たちの手で守っていこうとしている。また、集落の人々も冬の間に棚田や段々畑に種を蒔き、2007年以来毎年3月に「菜の花まつり」を開催して、このような景観資源を活用した地域づくりに努めている。

図12・52　「隠された図書館」

図12・53　神山町上分江田の棚田と段々畑

図12・54　「石積み学校」開催風景（提供：石積み学校）

---

*12　2013年に設立された石積み技術の継承と石積みの修復に関する活動を行っている団体（設立者：真田純子）。

2. リノベーションが守る風景

　以上の神山町の事例では、建物の改修だけでなく、人々の活動によって周辺環境が変化する様子までを、リノベーションという視点で捉えてきた。農地や山林は、耕作や営林という行為によって、人が自然に手を加えてつくりあげてきた人工物である。建物やまち並みと同様に文化的な価値を有するこれらの環境要素を次世代へとつなぐには、時代と社会の変化に合わせて、それらを更新し続ける必要がある。リノベーションとは、すぐれた風景を守り育てるための行為に他ならないのである。

12・7
主体的活動の重なりとしてのエリア価値の向上

　本章では、都心部から地方の中山間地域まで、また、事業主体が自治体（行政）である場合から民間企業や個人事業者である場合まで、幅広いエリアリノベーションの事例を取り上げて紹介した。

　道路や河川等、都市のインフラを形成する公共空間自体がリノベーションの対象である場合には、やはりそれらを管理する行政の役割が大きい。松山市や神戸市の道路空間の再配分の事例では、行政が事業主体となり、地域の商店街やまちづくり協議会が、それに協力していた。「水都大阪」の場合には、対象が広く多様であるため、事業主体は自治体、協議会、民間

企業など色々な場合があるが、行政と民間が協力して、大きなビジョンのもとに連携して事業を実施する体制がとられていた。

　一方、都心であっても密集市街地の例では、行政が事業主体となる区画整理などの面的な再開発ではない、個々の長屋等のリノベーションが民間主体で行われ、それらの集積がエリアの新しい価値を生み出していく状況を把握した。

　工業地や郊外住宅地の場合には、そこに土地を所有する民間企業が主体となり、それぞれの理念に従って個別事業を実施し、それらの集積によって、まちが変化していく様子を見ることができた。

　中山間地域の事例として取り上げた神山町の場合、アートプロジェクトの実施や、IT企業や店舗開設者への入居先紹介、さまざまな人々の転入支援等に関しては、2004年に設立されたNPO法人「グリーンバレー」が中心となり、行政から独立した自由な立場で多くの先駆的事業を展開してきた。その後2015年には、町の地方創生戦略を推進するための「神山つなぐ公社」が設立され、NPOと公社が役割分担しつつ連携することで、新たな産業創出による地域経済の循環を視野に入れた持続的な地域づくりへの取り組みが進められている。

　これらの事例から、対象エリアの大きさにかかわらず、そこに関わる多様な人々が、事業の当事者

として主体的に行動を起こしつつ、積極的に他者と連携することの重要性がわかる。

　行政、諸団体、民間企業、そしてさまざまな個人が、未来に向けたビジョンを共有しつつ、個々の責任においてリノベーションを行えば、それらの重なり合いの結果として、エリア全体の価値の向上がもたらされるのである。

参考文献
・馬場正尊＋Open A『RePUBLIC　公共空間のリノベーション』（学芸出版社、2013）
・橋爪紳也編『大阪　新・長屋暮らしのすすめ』（創元社、2004）
・篠原匡『神山プロジェクト　未来の働き方を実験する』（日経BP社、2014）
・泉英明、嘉名光市、武田重昭編著、橋爪紳也監修『都市を変える水辺アクション　実践ガイド』（学芸出版社、2015）
・馬場正尊＋Open A編著、明石卓巳、小山隆輝、加藤寛之、豊田雅子、倉石智典、嶋田洋平『エリアリノベーション　変化の構造とローカライズ』（学芸出版社、2016）
・NPO法人 グリーンバレー、信時正人『神山プロジェクトという可能性　地方創生、循環の未来について』（廣済堂出版、2016）

第3部
リノベーションを実践しよう

リノベーションでは実在する建築と向き合いながら、
企画から設計、施工、運営までを
リアリティを持って学ぶことができる。
リノベーションを実践するための手引きとして、
各段階での作業や検討を詳細に紹介する。

第13章 リノベーションのための調査

13・1
建物を知ろう

1. 流れをつくろう

リノベーション全体の流れを意識しながら、個別の作業に取り組もう。まずは第3部の流れに沿って、リノベーションの手順を見ていこう。

■ **出会い・発見**

その場所に初めて行ったときに感じたこと、建物の印象、そこから見えたもの。建築との出会いを大事にして、そこからスタートしよう。一度行ったら、次は天気や時間の違うときに行ってみよう。

■ **建物を知ろう**（13・1）

リノベーションは現状把握から始まる。さまざまな切り口で調査をスタートさせる。まずは、実測調査をしてみよう。

■ **エリアを知ろう**（13・2）

リノベーションする建物は1つ

図13・1 2007年度卒業設計を中心とした長屋リノベーションの記録（2007年7月から2008年5月まで）（作成：上原充、菱川菜穂、山田久美）

第13章　リノベーションのための調査　123

だけかもしれないが、まちへの影響やまちからの影響を考えることが重要である。まちを歩いてみたり、ヒアリングや資料集めをしたりなど、外に出て調べよう。

■ 企画を始めよう（14・1）

既存の建物やまちのことがわかってきたら、使い方を想像しながら計画をスタートさせよう。

■ 計画を練りあげよう（14・2）

現状を把握したら改修案を検討し始める。スケッチや模型を使って考える。変えるものと変えないものを考えて、計画を進めていこう。

■ プレゼンテーションしてみよう（14・3）

案がまとまってきたら、プレゼンテーションして、関係者に案の特徴や魅力を理解してもらおう。誰にどのように伝えるか、いつ伝えると良いのかなどを考えるところからプレゼンテーションが始まっている。考えたことを伝えるには図面の表現が重要である。内容を伝えられる美しくわかりやすい図面を目指そう。

■ 現場に出よう（15・1）

いよいよ着工したら、工事中は定期的に現場に通い、流れを把握しよう。工事の途中で、DIYできるところは工事に参加してみることもリノベーションの醍醐味である。

■ 運営してみよう（15・2）

完成後にもできることは色々ある。お披露目会、入居者との交流、入居後の住まい方調査など、建物に関わり続けることが大切である。

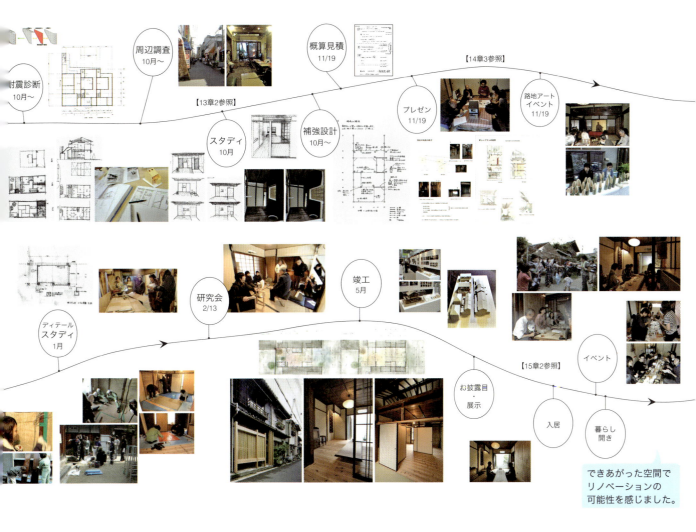

できあがった空間でリノベーションの可能性を感じました。

2.実測しよう

リノベーションに取りかかるために最初にすることは調査である。既存の建物や敷地の状況について知り、そこから計画を始める。リノベーション対象の建物には、どのような特徴があるのか、何か問題はないのかを調べる。

まず、実測調査をして、建物の現状を記した図面を作成する。図面化することによって、改修前の現況が把握できる。平面図、断面図、立面図、さらには天井伏図や設備図などをつくる。図面をつくる過程で、既存建物の魅力に改めて気づくこともできる。

■ 建物の全体像を把握する

いきなり細かい部分を測るのではなく、最初に建物の全体像を把握しよう。まずは建物をくまなく歩いたり、周辺から建物を眺めてみたりする。建物を取り巻く環境や特徴がひと通り把握できたら、次はスケッチが大事である。どのような図面を実測調査によって作成するのかについて、作業を始める前にイメージしておく。簡単な間取り図を作成するのか、窓の位置や柱位置などを含めた1/100程度の平面図や断面図を作成するのか、窓枠や部材の厚みなどを含むより詳細な寸法を含めた図面とするのかを決定しておく。作図する図面の目的により、測る箇所が変わってくるためだ。作図する予定の図面に応じて、間取りや詳細をスケッチし、寸法を測るべき箇所を決めていこう。

■ 実測調査の持ちもの

- コンベックス（メジャー）
- バインダー
  （A4サイズやA3サイズ）
- 3色ボールペン
- 方眼用紙
- 電卓
- 懐中電灯
- カメラ
- ヘルメット
- 寒さ対策、暑さ対策、日差し対策
- マスク
- ウェットティッシュ

○ あると便利な機器

- レーザー距離計
- レーザー墨出し器
  - 工具袋

> まずは、間取りのスケッチをしよう。
> 実測ではスケッチが大事。

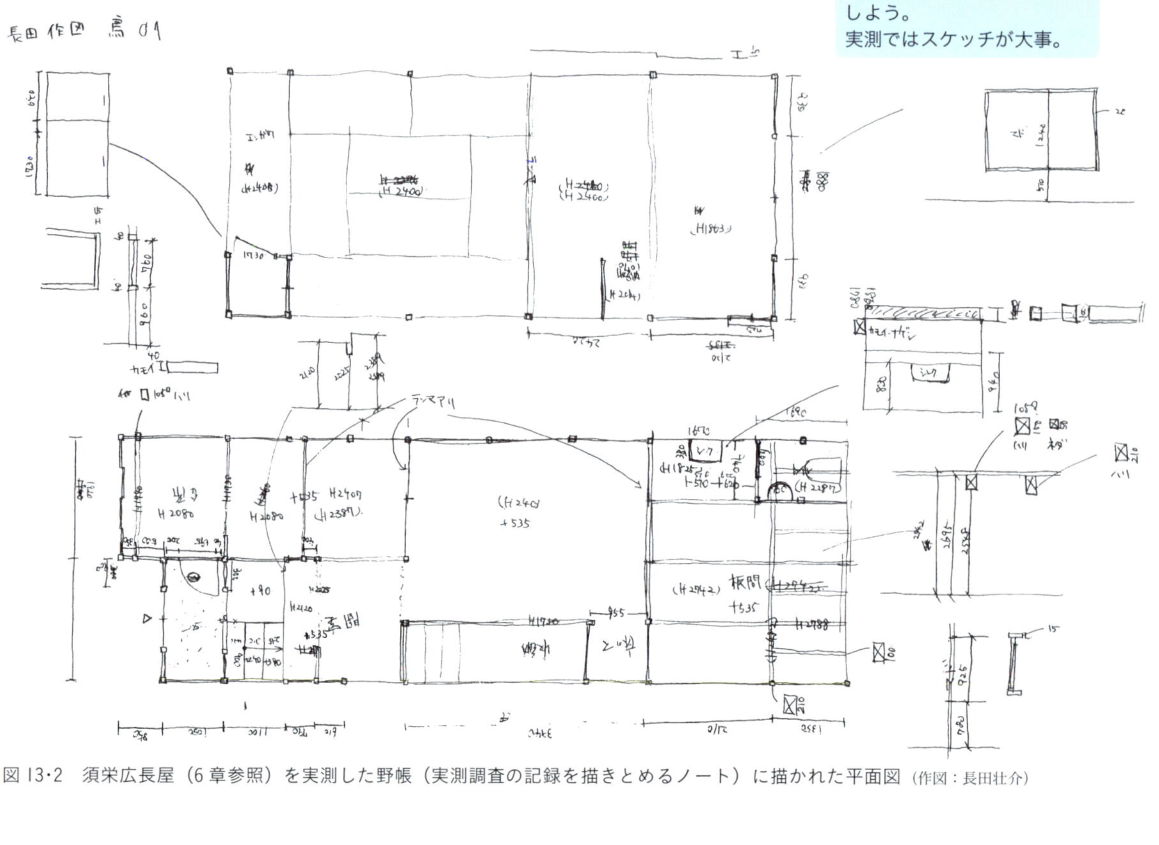

図 13・2　須栄広長屋（6章参照）を実測した野帳（実測調査の記録を描きとめるノート）に描かれた平面図　(作図：長田壮介)

第 13 章 リノベーションのための調査　125

図 13・3　2 人 1 組になって実測する。コンベックスで寸法を測る人と方眼用紙に図面と寸法を描く人に分かれる

図 13・4　レーザー墨出し器を使って、床の傾きを調べている。水平のラインを照射し、柱位置ごとに床の高さが水平ラインからどのくらいずれているのかを測る

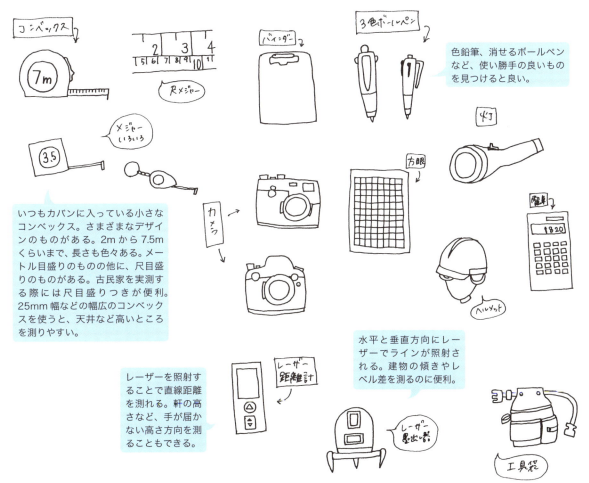

図 13・5　実測調査の持ちもの（作図：山本奈月）

3. 野帳に描いてみよう

道具が準備できたら実測調査に行こう。現場に着いたら、近所の人や道行く人にも挨拶しよう。気持ち良く調査できる上に、その建物が昔はどのように使われていたのかなどの情報を教えてくれるかもしれない。

■ 建物の特徴を理解して測ろう
①柱間（スパン）を知ろう

建物の外形寸法や柱と柱の間隔を調べて、大まかな間取り図を描いてみる。

寸法を測るときは、通常は壁や柱の芯々の寸法を測る。芯々とは、部材の中心同士のことを指す。柱と柱の間の距離を測る場合は、柱の中心から柱の中心の距離を測る。部屋の大きさを測る場合は、壁厚の中心から壁厚の中心を測る。た だし、状況によっては壁の内側から内側の寸法（内法寸法）しか測れない場合もある。その場合は、内法寸法であることをメモしよう。

②RC 造（鉄筋コンクリートラーメン構造）の場合

ラーメン構造による建物では、柱と柱の間の寸法を測ることで、その建物の構造的なグリッドを把握することができる。一般的なラーメン構造の建物であれば、経済的な理由から柱間は 5m から 8m 程度である。

③RC 造（鉄筋コンクリート壁式構造）の場合

壁が構造の役割を担っているので、鉄筋コンクリートによる壁の間隔を測る。壁をたたいてみて、中身が詰まっている音がするかどうかで、その壁が耐力壁であるのか、壊しても構造上は問題のない 間仕切り壁なのかを調べてみると良い。

④木造の場合

柱と柱の間の標準寸法、モデュールを調べてみる。柱と柱の間の寸法が一定であり、その寸法が 3 尺（910mm）や 1m というのが一般的だ。

伝統的な木造住宅であれば、京間（955mm）のように、地域に特有の寸法でできていることもある。京間の建物は、芯々の寸法が一定ではなく、柱と柱の間に入る畳のサイズに合わせて、内法寸法が一定である点も特徴である。

⑤鉄骨造の場合

鉄骨造には、木造と似たような柱間寸法の建物がある一方で、柱間寸法が RC 造より大きな建物までさまざまである。建物の変形を防ぐための斜め材であるブレース

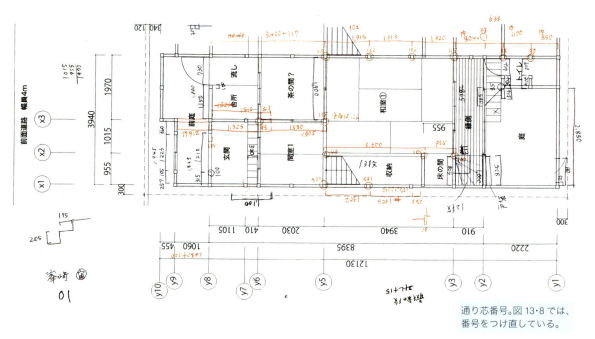

図 13・6　須栄広長屋の 2 回目の実測の野帳。この図面を清書すると図 13・8 の平面図になる　(作図：峯﨑瞳)

第 13 章　リノベーションのための調査　127

が入っている場合は、その位置も同時に測っておこう。

■ 測って描く

実測は、測る人と作図する人の2人1組で進めるとスムーズである。実測して描く予定の図面のスケッチがある程度できたら、組みになって測ろう。作図する人が、測ってほしい箇所を指示し、測る人が寸法を読み上げる。

図 13・2（p.124）は、大まかに部屋割りと柱位置を描いた野帳である。この1回目の野帳に基づいて、大まかに部屋割りと柱位置を描いた平面図を作成する。図 13・6 は、2回目の実測調査の野帳で、大まかに間取りを描いた平面図に、赤字で長手方向、青字で短手方向の寸法を書き入れている。野帳に描くときは、3色（赤・青・黒など）を使い分けると間違えにくい。

■ 断面寸法を把握する

実測の際、断面寸法を把握して断面図を描くことがなかなか難しい。最初に基準となる地盤面の高さを決定し、そこから、各階の床の高さや軒の高さなど、基準となる高さを測っていく。階高は、1階の床から2階の床までを階段部分で測ると良い。

■ 野帳の清書

実測が終わったら、野帳を清書しよう。図 13・8 は長屋を改修するために作成した現況図で、平面図、断面図、立面図である。設計や工事の際の目安となるように、柱や壁の中心線を図面に引いて番号をつけよう。これが通り芯となり、番号はすべての図面で共通とする。この図面をもとに、どのようなリノベーションを行うのかを検討する。

図 13・7　改修前の須栄広長屋の外観写真と内観写真

地盤面（GL）や各階の床の高さ（1FL、2FL）、階高、建物の最高の高さ、これらの寸法を押さえておこう。床の高さの代わりに梁の天端の高さでも良い。

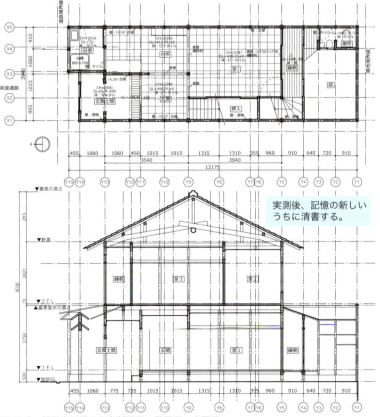

実測後、記憶の新しいうちに清書する。

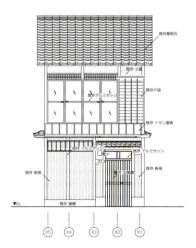

図 13・8　須栄広長屋の既存断面図・平面図・立面図

4. 写真を撮ろう

実測と合わせて、写真を撮ろう。後から気になった箇所や測り忘れている箇所を確認するために写真は重要だ。素材や細かい意匠、光の入り方などをチェックすることもできる。

■写真撮影のコツ

建物を撮影する際には、正面から撮ろう。水平と垂直のラインがまっすぐになるようにカメラを構えると歪みが少ない写真が撮れる。

室内を撮影する場合には、広角レンズと三脚があると光量が少ない場合や狭い場合でも撮影がしやすい。

部屋全体を撮影するのに加えて、各壁面を撮影する。展開図はこの写真を見ながら作図すると良い。

360°カメラを使うと、部屋をまるごと撮影できる。リノベーションを計画する際の参考写真が1回で撮影できるという便利な道具だ。通常のカメラであれば、四周の壁と床、天井と6面を撮影する必要があるが、このカメラの場合は、部屋の中央で1度シャッターを押すと360°撮影できて、天球のような画像が手に入る。図13・10のように撮影された画像を画面上で全方向に動かしながら360°全体を見ることができる。

■スケッチと写真で情報を記録する

写真を撮りながらスケッチをして、材質をメモしたり、柱の寸法、壁厚、部材の寸法などの細かい部分を測ったりしておくと、構造を計画する際や詳細をデザインする際に役立つ。文字、スケッチ、写真、この3つをうまく使いながら実測を進めていく。

図13・9　長屋の改修前の写真。左上から、時計まわりに北面、東面北側、東面南側、西面北側、西面南側、南面

図13・10　1975年竣工の鉄骨造量産型住宅のリノベーションの現場の様子を360°カメラで撮影したもの

さらに、特徴的なディテールや素材をスケッチしてみると、デザインのきっかけが見つかる。図13・12では、1970年代に郊外住宅地に建てられた住宅の部分を採取してスケッチしている。

■撮影した写真を見せる

撮影した写真を使うときには、画像編集アプリケーションで画像の明るさやコントラストを調整したり、画像の不要な部分をカットして構図を整えるトリミングなどを施したりすると、見やすい写真になる。

リノベーション前後の撮影も忘れないようにしよう。改修前後でどのように空間が変化したのかを、写真は一目で伝えることができる（図13・13）。

図13・13　須栄広長屋のリノベーション前後の写真。ほぼ同じ構図で撮影しているため、改修による変化を伝えることができる（撮影（右）：多田ユウコ）

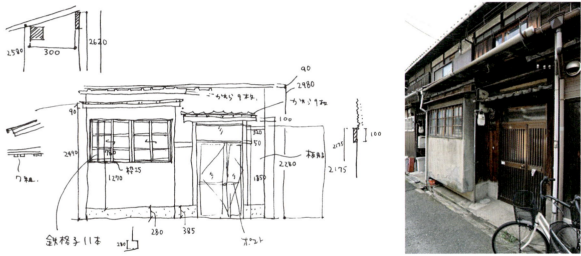

図13・11　長屋の立面を描いたスケッチと写真。部材の寸法や素材について描き込みしている（作図：真砂日美香）

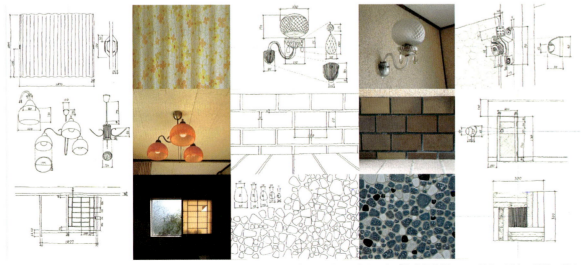

図13・12　リノベーション前の中古住宅の部分を写真とスケッチで記録して冊子にまとめた「泉北洒落帳」の一部分。既存の建物の懐かしい雰囲気を世代を超えて共有できる（作図：桑田和奈）

5. 構造を把握しよう

構造上重要な要素が何であるかをチェックして、改修する際に壊しても良いかどうかの判断ができるようにしよう。

図13·14はハウスメーカーによって建てられた鉄骨造の量産型戸建て住宅の実測図である。そのままでは、壁の中の構造がわからないため、一部の壁を壊して、柱、梁、ブレースや設備について調査した。壁を一部めくると、工業化住宅の部品である特殊なブレースが出てきた（図13·15）。また、天井をめくると、トラス状になった梁が見えた（図13·16、13·17）。こうして、一部の壁や天井をめくることで、壊せない柱や壁の位置が明確になった。同時に、それ以外の壁や柱は、構造としての役割を担っていないため、撤去してオープンにできることがわかったのである。

■ 可変の有無を色分けする

RC造では構造躯体を壊してつくり変えることが難しい。また、マンションの1住戸を扱う場合は

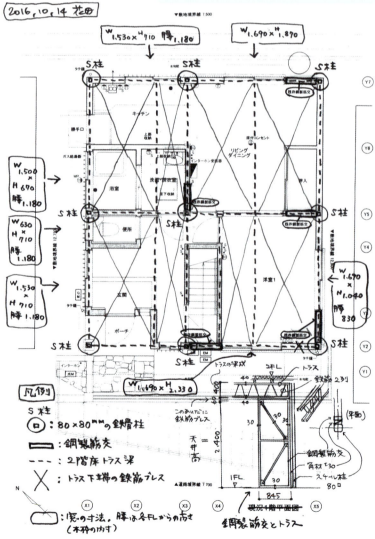

図13·14　鉄骨造の工業化住宅の既存平面図。動かせるもの、動かせないものを把握すると、リノベーションの計画に根拠を持って取り組めるようになる

図13·15　壁の仕上げをめくるとブレースが見える

図13·16　1階天井裏の様子。鉄骨のトラス梁が見える

図13·17　2階天井裏の様子。鉄骨の梁が見える

図13·18　構造を含めた検討用のスタディ模型（制作：川畑勇樹）

戸境壁や窓サッシ、玄関扉、ベランダなどは共用部であるので1つの住戸の都合で改変することはできない。

調査、作図の段階で改変できる部分とできない部分を色分けしておくと計画が進めやすい。図13・19の黒い部分は変えられない部分、赤い部分は変えられる部分を示している。

また、天井や壁仕上げの裏に隠れているコンクリートの躯体は建物ごとに表情が異なる。荒々しい表情のときもあれば、均質に打ち上がっている場合もある。可能であれば仕上げを一部撤去してその表情を確認しておきたい。仕上げ解体後には図13・20のような躯体の表情が現れる。この質感を現しで使えるか、塗装をすれば使えるか、やはり仕上げで覆うべきかなどを判断したい[*1]。

■ 建物の良い点と問題点を整理しよう

調査の段階では色々な情報が入ってくる。これらの情報を良い点と問題点に整理することで、企画や計画の突破口が生まれる。

建物の良い点として挙がってくるのは、スケッチに収めた照明器具かもしれないし、窓からの眺めかもしれない。昔の職人が手塩にかけてつくった建具や左官仕上げかもしれない。スキップフロアや雁行した部屋の並びが魅力なのかもしれない。これらの中から新たな価値につながる部分を選択し、うまく活かせれば、その建物ならではの、リノベーションでしかつくれない空間が生まれる。

他方、問題点を把握することでやるべきことが見えてくる。たとえば、建物自体に窓はたくさんあるのに部屋の印象が暗い場合、光の導き方、間仕切りの入れ方に問題がある場合が多い。面積よりも空間が狭く感じられる場合は間仕切りの入れ方や視線の通し方が良くないケースが多い。これらはプランニングの際に改善すべき事項としてピックアップできる。

また、物理的に建物を傷めている問題点も把握しておきたい。たとえば、ある壁にばかりカビが多く発生している場合は断熱が不十分なことによる結露や漏水などが疑われる。木造の建物であれば、土台や柱が腐っているケースがある。問題点を発見できれば部材の取り替えで対処できる。RC造の建物であれば断熱不足による結露か躯体のひび割れによる漏水の可能性が高い。これらは新たに断熱を施したり、躯体に薬剤を注入したり、外から防水処置を施すことで再発を防げる。

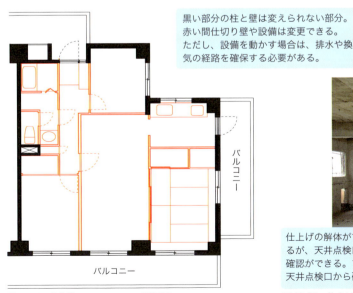

黒い部分の柱と壁は変えられない部分。赤い間仕切り壁や設備は変更できる。ただし、設備を動かす場合は、排水や換気の経路を確保する必要がある。

図13・19　RC造のマンションの平面図

仕上げの解体ができない場合は、視界は限られるが、天井点検口から中を覗くことでも躯体の確認ができる。マンションではユニットバスの天井点検口から確認できることが多い。

図13・20　仕上げ解体後に見ることのできるマンションの躯体

＊1　断熱を施すために躯体現しにできない場合もある。

13・2
エリアを知ろう

1. まちに出よう

計画をするにあたっては、まちに出て、まちの人と話をしたり歩き回ったりすることで、実感を持ってデザインに取り組むことができる。デザインするのは1つの建物だけかもしれないが、まちへの影響やまちからの影響を考えることが重要である。

図13・22と図13・23は、リノベーション予定の建物がある商店街を含むエリアについて知るために作成した図面である。旧街道に面したこの商店街には、実は伝統的な建物が一定数残っている。しかし、日常的に利用する人にはあまり意識されていない。気づかれていない魅力を図面で可視化し、表現している。

2. 資料を調べてみよう

■ 地図や航空写真

建物や地域についてより深く理解するために、図面や地図などの資料を調べてみよう。現場に行かなくても、わかることがさまざまにある。資料集めも大事な調査だ。あるいは地図を手に入れて、周辺を歩いてみよう。

図13・24は、古い集落の中にある建物をリノベーションした際に入手した航空写真と周辺図である。航空写真は戦後すぐのもので、集落のまわりに田畑が広がっている様子がわかる。周辺図は現在のものである。道の形状を見ていくと、迷路のような路地が残る旧集落部分と碁盤の目状の道が通る部分の違いがわかる。

■ 設計図書など

建物自体について詳細に教えてくれるのは、設計図書や建築確認申請関連の書類である。リノベーション対象の建物が建てられた時点での設計図書を探してみよう。

図 13・21　商店街でのヒアリング調査の様子

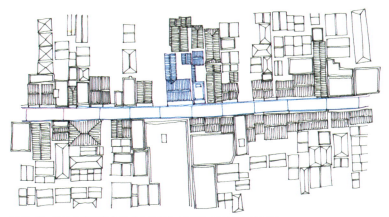

図 13・22　敷地と商店街を形成する建物の屋根に着目した周辺図　(作図：藤田俊洋)

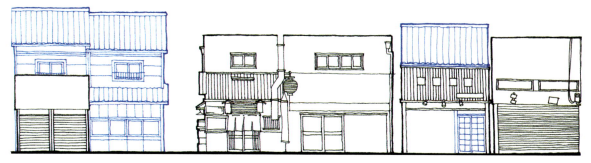

図 13・23　商店街のファサードスケッチ。青い部分が昔ながらのもの。黒い部分が新しいもの、または新しくつけ加えられたもの　(作図：藤田俊洋)

第 13 章　リノベーションのための調査　133

建築確認申請書（図 13・25）と確認済証があれば、建築当時の建築基準法に適合した設計の内容がわかる。検査済証（図 13・26）があれば、建てられた建物が当時の建築基準法に合致していることを確認することができる。登記簿や固定資産（家屋）評価証明書などの建物にまつわる書類を調べることで、建築年がわかる場合もある。それぞれ、法務局や市町村の窓口で手に入れることができる。

■ 昔のアルバム

古い資料の調査や、ヒアリング調査を通して、建物やその周辺の建築当初の姿がわかってくる。建物が積み重ねてきた時間を知ることで、将来のことをより深く考えることができる。

古い写真や建物に残っている痕跡などから、復元図や年表をつくってみると、昔の状況を想像しやすくなり、デザインチームでイメージを共有しやすくもなる。

大阪の中心部に残るある町家では、蔵を掃除したところ建築当初の図面や昭和初期に改修した際の図面、古い写真などが出てきた。住人へのヒアリングと古い資料から、建物をめぐる年表を図 13・27 のように作成した。

図 13・24　色分けした周辺図と戦後の航空写真（作成：田中豊樹）

図 13・25　建築確認申請書

図 13・26　検査済証

図 13・27　古写真、設計図書、ヒアリングにより作成した伏見町の町家の年表（作成：ウズラボ）

3. 用途地域を調べてみよう

建物の新たな使い方を構想する際にはその敷地の用途地域についての確認が必須である。日本では都市計画法によって用途地域が定められ[*2]、それぞれの用途地域につくることができる建物用途が建築基準法で定められている[*3]。

リノベーションに際して、建物の新たな使い方を考えるときもこのルールに従わなければならない。近隣商業地域、商業地域、準工業地域はつくることができる用途が多いのでリノベーションの企画の自由度が高い。一方で第一種低層住居地域や第二種低層住居地域では用途にかなりの制限があり、店舗を企画するにも制約がともなう。

せっかく考えた構想がそもそも成り立たないということがないように、企画の最初期の段階で用途地域を確認するようにしたい。

用途地域は都市計画図を見れば確認できる。都市計画図は各自治体のホームページから見ることができる。図13・28は神戸市のwebサイトで公開されている情報である。調べたい場所の用途地域、建ぺい率、容積率、防火地域・準防火地域などについて知ることができる。敷地の用途地域がわかったら、その用途地域で何をつくることができるかを建築基準法の別表2[*4]で確認しておくことが肝心だ。

4. 家賃を調べよう

■ webで調べる

賃貸住宅など対象の建物をリノベーションしたあとに家賃収入を得ようと考えるならば、計画の段階で建物周辺の家賃相場を知っておく必要がある。家賃相場がわかるとおおよその収入を予測できる。この収入でリノベーションにかけた工事費用がどのくらいの期間で回収できるのかを考えて事業の判断をしなければならない。

ここでは用途を住居と仮定して話を進める。家賃の相場は一般的には坪単価[*5]で表記する。坪単価はエリアごとに異なり、さらに同じエリアであっても住戸のサイズで異なってくる。都市部で顕著な傾向であるが、一般的に坪単価は小さな住戸ほど高い。

まずは当該建物の住戸面積と同サイズの家賃相場を調べよう。リノベーションによって建物をいくつかの住戸に分割することが想定される場合は、分割後のサイズの家賃相場も調べる必要がある。

実際の調査には不動産の検索サイトを用いるのが便利だ[*6]。

賃貸不動産を探す要領で、対象建物の最寄駅を選び、住戸面積（おおむね当該物件の±5m²）と徒

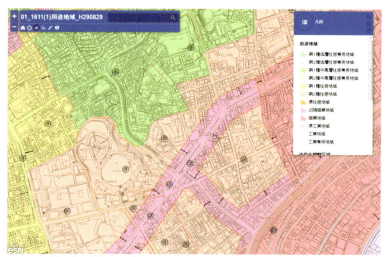

図13・28 神戸市の情報マップのページより用途地域を表示させた例
（出典：神戸市情報マップ〈http://opengis.city.kobe.lg.jp〉「都市計画情報」01_1611(1) 用途地域_H290829より取得）

[*2] 都市計画法第9条
[*3] 建築基準法第48条
[*4] 各用途地域内に建てることができる建築用途を示した表。
[*5] 1坪あたりの単価。1m² = 0.3025坪。たとえば50m²で家賃10万円の物件の坪単価は10万／(50 × 0.3025) ≒ 6612（円／坪）となる。なお、1坪はだいたい畳2枚分である。
[*6] 2018年現在、HOME'S〈http://www.homes.co.jp/〉やSUUMO〈http://suumo.jp〉などはインタフェースがわかりやすく使いやすい。

歩でかかる時間を指定すると該当する物件が表示され、家賃、面積、駅からの徒歩時間、築年、階数などの情報が得られる。

ここから10〜20（多いほうが良いが目安として）のサンプルを抜き取ってそれぞれの坪単価を計算し、それらの平均を求めれば周辺の家賃相場がわかる。図13・29のような表にまとめるとわかりやすい。

ここで4つ注意事項がある。

1. なるべく当該建物の近くに建つサンプルを採取する。検索結果を地図表示ができる場合はそれを利用してサンプルを選んでいく。同じ最寄駅でも駅のどの方角のエリアかによって大きく賃料が異なる場合があるので注意が必要である。

2. 当該駅徒歩時間は±3分程度のデータを採取したい。当該建物が駅徒歩10分として、検索情報で駅徒歩10分と入れると検索結果には駅徒歩0〜10分の物件が表示されているので注意が必要だ。都市部では特に駅徒歩時間が短いほど坪単価は高くなるので、駅に近い物件をデータに入れてしまうと、実際よりも高い坪単価になってしまう。

3. 極端に高い物件、安い物件はサンプルから外す。こうした物件は特殊な事情があるケースが多いので平均的なデータを得るには省いたほうが良い。

4. 物件データの重複に注意。検索サイトでは同じ物件のデータが複数回出てくることがある。

■ **不動産屋で調べる**

不動産屋はまちの案内人だ。不動産物件の情報、地域にどのような人が住んでいるか、どんな店が

あるか、どんなアクティビティがあるかなど、エリアの情報をたくさん知っている。webでの調査ではわからない情報が手に入るかもしれない。

対象となる建物を訪れる際には近くの不動産屋の窓辺のチラシを見てみると良い。どんな物件がどのくらいの家賃なのか、眺めていると察しがついてくる。さらに、そのエリアで自分たちが考えているようなものの成約例があるか、家賃はどの程度か、お客さんはどのような人かなどヒアリングできればなお良い[7]。賃貸事業の場合は、ある程度案が固まってきたら、借り手募集の相談をしてみると良い。その不動産屋で募集してお客さんがつくかどうかや、家賃の設定などの話が聞ければ計画の参考になる。

（マンション〇〇周辺）の家賃坪単価

駅名	駅徒歩時間(分)	面積（平米）
〇△〇	8	48

調査日	該当物件数
2017.8.8	104

賃料＋管理費　　　平米数 ×0.3025

事例番号	家賃			面積		坪単価（A/B）	駅徒歩時間	築年	種別
	賃料	管理費	合計（A）	平米	坪（B）	円／坪	分	年	マンション・アパート・事務所
1	95,000	5,000	100,000	50	15.13	6,612	5	10	マンション
2	100,000	3,000	103,000	52	15.73	6,548	6	23	アパート
3	89,000	3,000	92,000	45	13.61	6,758	7	8	マンション
4	90,000	0	90,000	46	13.92	6,468	9	14	マンション
5	110,000	0	110,000	55	16.64	6,612	10	25	アパート
6	98,000	0	98,000	50.5	15.28	6,415	10	30	マンション
7	99,000	5,000	104,000	49	14.82	7,016	5	5	マンション
8	105,000	0	105,000	53	16.03	6,549	10	20	マンション
9	98,000	3,000	101,000	48	14.52	6,956	6	15	マンション
10	99,000	4,000	103,000	49.5	14.97	6,879	7	12	マンション
					平均坪単価	6,681			

小数点以下四捨五入
極端に坪単価が異なるものは除外して計算

図 13・29　家賃相場調査の参考例

＊7　ただし、不動産屋の方は仕事中の貴重な時間を割くことになるので、話を聴く際の礼儀は忘れずに。

第14章 リノベーションの計画と設計

14・1
企画を始めよう

1. まずは使ってみよう

リノベーションする前に、とりあえず建物を使ってみることで、今後の使い方を考えることができる。実際に使ってみて体験することで、机上では気がつかないことにも気づくことができる。その建物の魅力や使い勝手の良いところ、悪いところが、使ってみると次第に明らかになってくる。

長い間空き家になっていた建物には埃が溜まり、薄暗くなっているものである。風を通し、光を入れるだけで、建物の見え方が変わってくる。宝物が眠っているかもしれない、そんな気持ちで建物を見つめてみよう。

■ 安全を確保する

使う前に、安全を確保しよう。腐っていたり、雨漏りしたりしている箇所はないだろうか。足元と頭上にも注意しよう。釘などが飛び出しているかもしれない。建物や部屋によって、土足で上がったほうが良い場合もあれば、靴を脱いで対応したほうが良い場合もある。

■ 使ってみる

一口に使ってみるといっても、さまざまな使い方がある。掃除を

図14・1　篠山の古民家改修の際の大掃除の様子

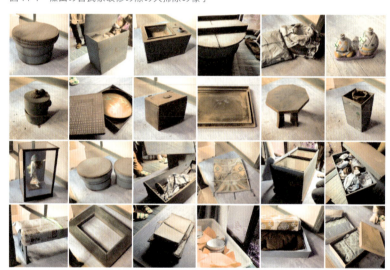

図14・2　工事前に大掃除をして出てきた古道具で古道具市を開催（嶋屋喜兵衛商店）

図14・3　町家でのライブ　　図14・4　江戸時代の食器をつかったイベント

してみると部屋が見違える。みんなで集まって、お茶をしてみる、泊まってみる。コンサートやマルシェ、展覧会などで使ってみることもできる。

■ さまざまな使い方

・掃除をしてみる

いらないものを捨てて、掃き掃除や雑巾掛けをすると、埃に覆われていた建物が光りだす。空き家

第 14 章　リノベーションの計画と設計　　137

図 14・5　町家での展覧会「藝術のすみか」（豊崎長屋）の黒田武志の作品

図 14・7　「新・マチヤ展」イベント当日の様子

図 14・6　「新・マチヤ展」の企画書

器を使ったイベントを企画した。

・展覧会をしてみる

　作家に集まってもらって、展覧会を開催すると、芸術家による視点で場所の思わぬ魅力を見つけてくれる。たとえば図 14・5 では、普段はあまり人が入らない庭の中にテーブルと椅子が置かれた作品により、来場者が庭に出て新たな場を楽しむことができた。あるいは、図 14・6、14・7 では、学生が菊をモチーフにして町家の中に 6 つの「！」（驚き）を仕掛けた。来場者は、欄間から隣の部屋をのぞいたり、机の下をのぞき込んだりと、展示を体験しながら町家を楽しんだ。

　このように、短期的な仕掛けを施すことで、空き家にこれまでとは異なる使い方や魅力を提案することができる。さまざまに建物を使ってみることで、どのようにリノベーションすると良いのかについてのアイデアを見つけよう。

を 1 人で掃除すると、建物の迫力に負けてしまいそうになるが、掃除会を企画して大人数で掃除すると、さまざまな価値観に触れながら空き家を見直すことができる。掃除は工事未満の行為だが、大きな力を発揮する。

　たとえば図 14・2 のように、掃除をして出てきた古道具でフリーマーケットを開催すると、建物だけでなく道具を引き継いでいくこともできる。

・ライブをしてみる

　ライブのような音楽イベントを企画してみると、これまで建物に興味のなかった人に来てもらうことができ、大人数で空間を使うときの様子を体験できる。

・ごはんを食べてみる

　視覚だけではなく、味覚や嗅覚、さまざまな感覚を使って既存の建物の魅力を体験してみよう。ごはん会を開催すると会話がはずむ。図 14・4 では、蔵から出て来た食

2.ターゲットを探そう

既存の建物やまちのことがわかってきたら、使い方を想像しながら計画をスタートさせよう。改修前の建物は空き家だったのか、それとも何かに使われていたのだろうか？ リノベーションでは、どのように建物を利用するのかという使い方の構想が大事である。

■ターゲットを設定する

リノベーションでは既存の建物を誰がどのように使うのかを設定し、それに向けて空間をつくり上げていく。この「誰が」のところを考えるのがターゲット設定だ。

ターゲット設定は、実は企画そのものを表しているといっても良い。企画が2章（p.19）で述べた「マーケットぶら下がり型」になるか「マーケット創造型」になるかはターゲットの設定次第だ。

■ターゲットを絞り込む

ターゲット設定で一番良くない答えは「みんな」だ。すでに使われている建物を観察してみると、ターゲット設定において「みんな」という答えはほぼ意味をなさないことがわかる。たとえば集合住宅ならワンルームには1人暮らしの人が住んでいる。20〜30代の社会人ばかりのワンルームもあれば、独居老人が多いケースもある。商業施設を見てみれば、子育てファミリーが客の大半を占める店もあれば、10代の若者ばかりの店もある。老若男女が楽しんでいる喫茶店も、よく見れば、お客さんは「近隣の人たち」というグルーピングができる店もあれば、旅行客が多い店もある。一見「みんな」のように見えても実はそうなっていないのだ。

建築再生の現場では場所の広さやその場所で相手にできる人の数に限りがある。これは、個々の建築単体が「みんな」に受け入れられるものである必要がないことを示している。再生プロジェクトではターゲットを絞り込んで、確実にそれらの人たちに訴求する方法を模索するほうが堅実なのである。

■ターゲットはどこにいる？

ターゲットはそのまちにいる場合もあれば別の場所にいる場合もある。

まちにいる場合はまちを調べ、まちを歩き、ヒアリング調査をしていく過程でターゲットが見つかっていくだろう。

めぼしいターゲットがそのまちでは見つからない場合は視点を広げてみよう。この場所に遠くから人が来るとしたらどのような場合か？ そのまちにしかない特徴的な場所や歴史がヒントになるケースも多い。

■まちにターゲットがいたケース

北九州市の中心市街地である小倉魚町で全棟空きビルになってしまった商業ビルの2階を小さな17区画のアトリエ兼ショップが集合する場所として再生したポポラート3番街は、まちに潜んでいたニーズを見つけ出し形にした事例だ（図14・8）。計画を行った、らいおん建築事務所の嶋田洋平氏は「このまちにはイベントで手づくりの雑貨を売っている人たちが何百人もいるが、彼らはどこで商品をつくっているのだろう」という疑問からスタートし、「彼らの多くは家でつくっているが、小さな作業場を求めているはずだ」という仮説を立てた。ターゲットはアトリエを持たずに自宅で作業をしている作家たちに絞られた。嶋田氏は

図14・8 ポポラート3番街。小さなアトリエ兼ショップが並ぶ（写真提供：らいおん建築事務所）

彼女らに賃料がいくらであれば借りたいのかというヒアリング調査を行い、その賃料に見合った広さを提供するという方法でユーザーを獲得しながらニーズを掴んでプランニングを行った。最盛期には17区画に40団体、70人以上のクリエイティブな人たちが入居した。

■ 広域で考えてターゲットが見つかったケース

千葉県の外房エリアではサーファー向けの賃貸住宅がいくつも供給されている。これらは海から近く、住戸の外にシャワーがある。海から戻って家に入る前に砂を落とすことができる外のシャワーは彼らにはありがたい設備だ。このエリアでは一般的な住宅の賃料相場は安く事業性に乏しいのだが、サーファー向け住宅の賃料は周辺相場よりも高い。どうしてこのようになるかというと、ターゲットが東京都心近くに住むサーファーだからだ。現地からターゲット層が暮らすエリアは車で1〜2時間ほどだ。彼らは一般的な住宅ではなく、サーフィンを楽しむための家を求めている。サーフスポットに近い立地特性を活かして環境と設備を整え、その情報をサーファーたちに届けることで、周辺の賃貸住宅とは別のマーケットをつくることができたのである。

■ 海外にターゲットがいるケース

大阪市阿倍野区にあるペンシルビルを貸切の民泊にリノベーションした「STAY local」のターゲットは海外からの旅行者だ。環状線天王寺駅から地下鉄で1駅の立地で、必ずしも旅行者にとって交通利便性が高い場所ではないが、古くから残る長屋や、小さな商店や飲食店など生活感のある風景が楽しめる。そこで、その土地の生活文化を見たい、体験したいという旅行者をターゲットに設定して計画が進められた。

計画の対象となった2階から4階は南北に行ったり来たりしながら階段を移動する。古い長屋、幹線道路、まちの家並み、遠くの競技場、天王寺の超高層ビルといった具合に展開する風景を旅行者に楽しんでもらうように設計された。既存の階段は各階ごとにまっすぐに上る形だったが、一気にワンフロアを上るのはストレスがかかるので、各フロアの階段の上り口付近に2段上がったスペースをつくり、スキップフロアのような形に変えた。これによって、上り下りの心理的負担を減らすと同時に眺めの良い窓辺が楽しめるスペースが生まれた。

また、畳は海外からの訪問者の関心が高いので採用されているのだが、普通に敷いてしまうと床座に慣れていない国の人には座りづらい。そこで1段上がった場所に畳を敷き、ベンチのように座ってもらえるしつらえをしている（図14・9）。

このケースでは海外からの旅行者を想定しながらあらゆる物事を決定している。

■ 色々なスケールで考えターゲットを探そう

このようにターゲットは近くにいる場合もあれば遠くにいる場合もある。時にはまちのスケール、時には市町村や県をまたぐ広がりで、時には世界の中でとさまざまなスケールから対象地を見つめ直し、試行錯誤する必要がある。また、ターゲットを設定したら、常にその人たちを喜ばせることを考えながら計画を進めることが大切だ。

図14・9　STAY local（設計：宮部浩幸＋近畿大学宮部研究室）。右手前が畳を敷いた小上がり

3.計画をつくろう

設計を始める前に設計の基本条件をつくることに取り組む。社会の状況、まちの状況、建物の状態を考慮しながら、リノベーションの構想をまとめよう。

■ 使い方を考えよう

技術力と知識を総動員して、その建物に合った使い方や改修方法を選択しよう。想定したターゲットである使い手が魅力的に感じ、使いやすい建物とはどのようなものか考えてみよう。

キーワードは「多様性」と「シェア」である。1つの空間に1つの使い方を想定してうまくいく場合もあるが、空間や時間をシェアしながら複数の使い方を想定することで、実際に使ってもらえる計画になることがある。

たとえば、「槇塚台レストラン」は2階建ての店舗付き住宅を地域レストランにリノベーションした事例で、主なターゲットはニュータウンの高齢者である。2か月に1回のオープンな会議の場で複数の運営者やスタッフが運営について共有しながら、多種の使われ方がされている。毎日健康に食べられる食事を提供する場所をつくろうというのがスタートで、そこから図14・10のように、お弁当配達、レストラン、居酒屋、朝市、子育てサークルの利用、コーラスやヨガなどの教室、会議、学生の発表会などの特徴のある使い方が生まれている。

■ 運営について考えよう

同じ建物でも運営者が変わると、使われ方がまったく異なるという経験をしたことがないだろうか。うまく使われる計画とはどのようなものだろうか。特にリノベーションでは、使われなくなった建物を再び使われるようにするという使命がある。

リノベーションした後は、誰が建物を使い、誰が運営するのか。単に空間をデザインするだけではなく、使い方をデザインするためには、計画の前後を含めて考えながら進める必要がある。

■ コストを考えよう

ターゲット、使い方が決まったら、リノベーションの規模を構想しよう。工事範囲はどこまでとす

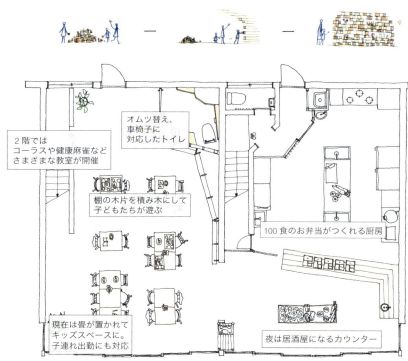

図14・10 「槇塚台レストラン」平面図・ダイアグラム・内観スケッチ

るのか、計画の事業性はどうなっているのか。おおまかに収入と支出を計算して、全体像を把握してみよう（2章参照）。

■ **チームをつくろう**

リノベーションを進めるために、プロジェクトの体制をデザインしよう。誰のために、どのようにリノベーションをするのか。そのためには、どんな人に関わってもらうと良いかを考えてみる。さまざまな専門家の知識と経験があれば、不可能と思われていた改修が実現するかもしれない。

建物に愛着を持っている人やまちの人、専門家と一緒にリノベーションをスタートすると、工事が完成した時点がゴールになるのではなく、建物を使っていくことをゴールにすることができる。

図 14・12 は大阪の町家をリノベーションする人々のネットワークを図にしたものである。さまざまなメンバーがつながってネットワークができている。

リノベーションの現場は状況が複雑であることが多い。それを1人で解決するのではなく、ゆるやかに人をつなげながら進めていくと突破口が見えてくる。

■ **時間について考えよう**

計画を考えるときにリノベーションのスケジュールを考えてみよう。どのような手順でプロジェクトを進めていくのか？ つくる前、つくっている間、つくった後、長い時間に耐える計画になっているだろうか？ 自分たちが想定する時間軸の長さを意識しておこう。次の世代にどのように建物を引き継ぐのかを想像してみよう。

参考文献
・『ほっとかない郊外』（大阪公立大学共同出版会、2017）
・小野田泰明『プレ・デザインの思想』（TOTO出版、2013）
・ジュリア・カセム『「インクルーシブデザイン」という発想』（フィルムアート社、2014）
・高橋寿太郎『建築と不動産のあいだ』（学芸出版社、2015）

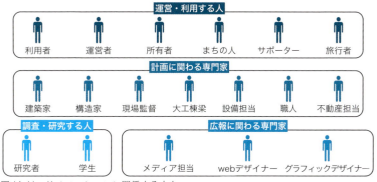

図 14・11　リノベーションに関係する人々

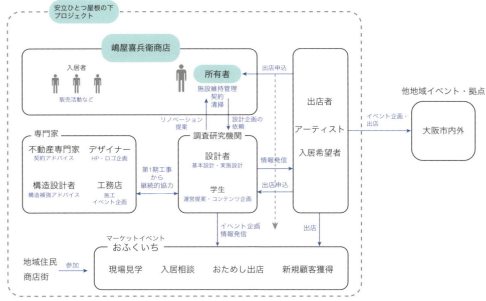

図 14・12　嶋屋喜兵衛商店における町家リノベーションの関係者のネットワーク（作図：笠原実季）

14・2
計画を練りあげよう

1. 検討を重ねよう

計画の基本条件が整理できたら、模型や図面を使って具体的な空間のつくり方を検討しよう。

■既存の図面や模型からスタート

建物や敷地の現在の状況の図面や模型をもとに、どこに手を加えるか、どこに手を加えないかを検討していく。まずは既存図を描き、その上にトレーシングペーパーを重ねていく。

■アイデアを形にしよう

文章や図面、模型、スケッチでアイデアを目に見える形にする。そして、それをもとに次の検討を加える。

特に、チームでデザインする場合には、同じ単語を使っていても各自がイメージしているものが異なることが多い。イメージを具体的な形にしていくことで、相互の理解が深まるとともに、計画も具体的になる。

■条件を検討していく

リノベーションにはさまざまな制約がある。思いついた案が、法律的に問題ないのか、予定している工事費に収まる内容になっているのか、構造上、無理をしていないか。さまざまな条件を加味しながら、検討を進めていく。

図14・14では、戸建て空き家の庭にある掘り込み式車庫（図14・14左・○部分）の屋根を検討している。模型を使って、フラットルーフの車庫の屋根に、階段をつける、階段と勾配屋根をつける、方形の屋根をつける、緑化するなどの案を検討している（図14・14右）。

図14・15では、平面スケッチと模型を使って、大阪長屋の構造補強を含めた計画案の検討をしている。平面スケッチの青色の壁が既

図14・13　トレーシングペーパーで案を検討中の様子（緑道下の家（3章参照））

図14・14　スタディ模型（緑道下の家）

図14・15　大阪長屋のリノベーション計画の平面スケッチと模型

第 14 章　リノベーションの計画と設計　143

存の壁、赤色の壁が新しい耐震要素の壁、水色が小壁、緑が前庭や裏庭となっている。平面スケッチでの検討と並行して模型でも検討を進めている。

図 14・16 では、町家に増築するボリュームを検討している。左側が既存の厨子二階（中 2 階がある）の町家で、右側が新しく増築するボリュームである。屋根形状に加えて、木造の軸組の検討をしている。全体像、道路からの見え方など、つくった模型をさまざまな方向から眺めて検討を重ねていく（図 14・17、14・18）。

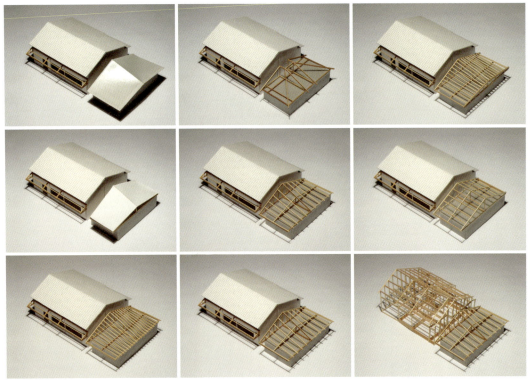

図 14・16　町家の横に増築するボリュームの検討（上からの検討）

図 14・17　町家の横に増築するボリュームの検討（道路からの検討）

図 14・18　町家の側面のボリュームの検討（側道からの検討）

2.図面で考えよう

プランニングを考えるために、毎日スケッチしてみよう。そして、できあがったものについて、人と話をしてみる。自分以外の人に案を説明すると、伝えやすいこと、伝わって共感してもらえること、うまく言葉にならないことなどがよくわかる。

使い方、ライフスタイル、構造、コストなど、考慮すべき要素を図面に落とし込みながら案を研ぎましていく。平面図だけではなく、断面図や周辺の状況を描き込み、検討する要素を広く加えていく。これを繰り返すことで、リノベーションの案が練りあがっていく（図14・19）。

図14・20～14・24の長屋のリノベーションでは、まず平面図と断面図で暮らし方をイメージできるように初期案を作図して案の方向を打ち合わせた。

次に、初期案を尊重しながら、3案を作成して展示し、来場者から意見をもらうイベントを実施。案の特徴がわかりやすいタイトルをつけて来場者に示した。

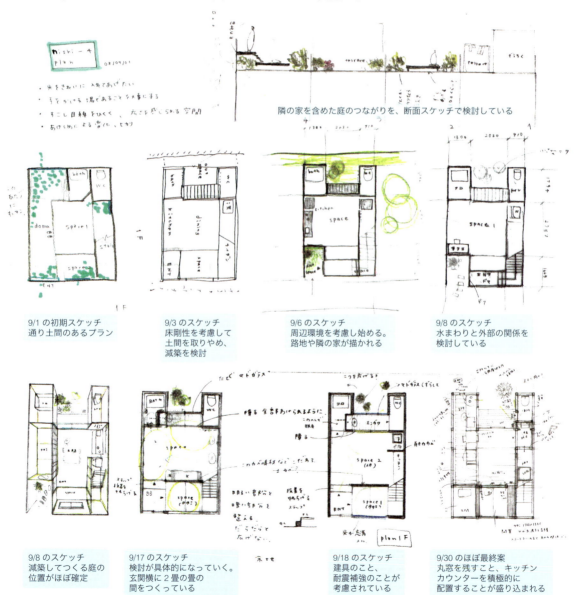

図14・19　豊崎長屋・西長屋のリノベーション案の検討過程　（作成：大塚由梨子）

第 14 章　リノベーションの計画と設計　　145

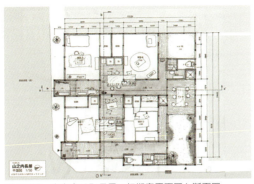
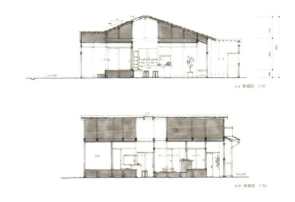

図 14・20　山之内元町長屋の初期案平面図と断面図

図 14・21　山之内元町長屋①「大きなテーブルのある長屋」案平面図。絵本の読み聞かせができるコーナーを設けた案

図 14・22　山之内元町長屋検討模型

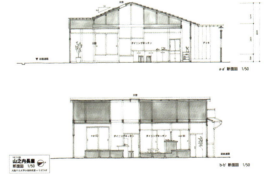

図 14・23　山之内元町長屋②「溜まり場のある長屋」案平面図と断面図。土間に大きなテーブルを置いて、長屋の中心としている。上部には吹き抜けを設けて、上方向にも広がりをつくり出している

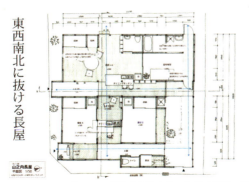
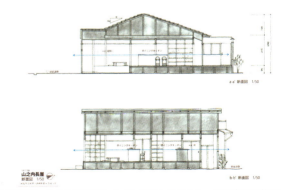

図 14・24　山之内元町長屋③「東西南北に抜ける長屋」案平面図と断面図。小さな部屋をいくつも用意しながらも、東西南北に抜けを設け、閉じつつ開くということを実現しようとした案。矢印で抜けを表現している（図 14・20 〜 14・24 作成：白石美奈子、田中豊樹、春口滉平）

3. 変えるものと変えないものを考えよう（木造編）

計画がまとまってきたら、改めて、変えるものと変えないものを整理してみよう。

■ 優先順位をはっきりさせる

建物の老朽度、使い手の要望、コストの制約など、考慮しなければならないことが多くある。優先順位をつけて、条件を整理してみよう。構造的に変えられない部分、老朽化しているため、変えなければならない部分、変えると大きな変化が起こせそうな部分。計画において重要な部分とそうでない部分を整理して、優先順位を決める。

■ 条件に応えられているか

条件と計画を照合してみよう。問いかけることは多岐にわたる。ターゲットに合った計画になっているか？　コストに見合った計画になっているか？　既存の建物の魅力を引き出せているか？　法的な問題はないか？　改修する範囲は適切か？　この計画の良いところはどこか？　歴史は尊重できているか？

■ 撤去図を描いてみる

リノベーションを進めるにあたっては、撤去図を描いてみると良い。変えるものと変えないものが図面上で明確になる。図 14・25 は撤去図である。リノベーションは、解体工事から始まる。撤去図は、何を残して何を変えるのかを表した重要な図面。ここでは赤色で変更する箇所を表している。

■ 木造の場合

図 14・29 は、須栄広長屋（宙棟）の改修前と改修後の平面図である。並べてみると、何をそのまま使って、どこを変えているのかがわかる。一般的な木造の場合は、柱と梁で構成されている軸組と筋交いや耐力壁などの壁を構成する要素は変えられない。しかし、適切な補強をすれば、壁の位置や柱の位置を動かしたり、天井を撤去して小屋組を見せたりすることができる。壁の仕上げをどこまで剥がすか、あるいは隠すかといったことでも見え方が大きく変わる。

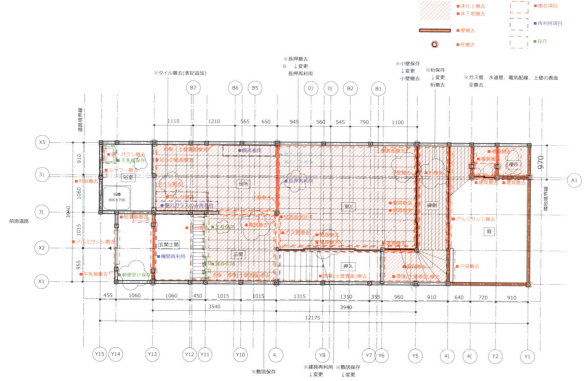

図 14・25　撤去図（須栄広長屋・宙棟）

第 14 章　リノベーションの計画と設計　　147

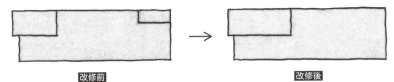

図 14・26　水回りの配置を検討した平面図（須栄広長屋・宙棟）。改修案では 1 か所にすべてまとめる方針に

図 14・28　須栄広長屋・宙棟のリノベーション後（改修後平面図の黄色部分）（撮影：多田ユウコ）

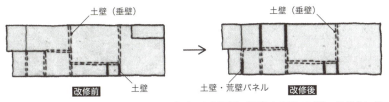

図 14・27　耐震補強のための壁の位置を検討した平面図（須栄広長屋・宙棟）。改修前には、短手方向にほとんど構造壁がない。改修後は、2 倍以上の構造壁をつくっている

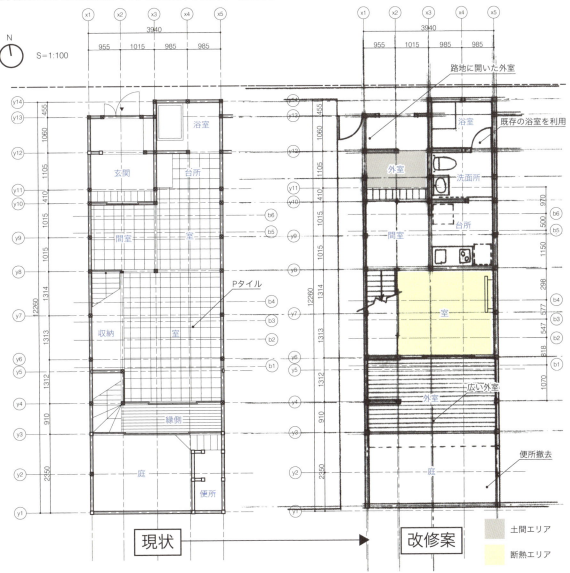

図 14・29　改修前と改修後の平面図（須栄広長屋・宙棟）

4. 変えるものと変えないものを考えよう(RC造編)

RC造の場合はコンクリート躯体が構造そのもので変えられないケースが多いが、それ以外の雑壁などは変えられる。

変える部分と変えない部分の整理は、既存の要素をどのように活かすのかという空間デザインに直結している。また、既存を活かすことでコストを抑えるということにもつながる。

図14・30の「Sayama Flat」は変えないものの選定によって空間を特徴づけている集合住宅のリノベーションだ。既存の襖や収納を残し、それ以外の仕上げを撤去している。白い真新しい天井とそれ以外の部分の対比で空間をつくりあげている。

図14・31の「新桜川ビル」は高速道路沿いで騒音がひどい立地を逆手にとって、音を出しても良い場所として再生した集合住宅を含む複合ビルだ。既存天井を撤去して現したコンクリート躯体の天井やモルタルで仕上げた床で挟まれた空間に既存住戸の間仕切りと襖の枠を活かしている。かつての住戸の記憶を引き継ぎながら、新しい空間をつくりあげている。

図14・32の「リフラット」は都心の商店街に立つ集合住宅をSOHOとして再生している。この事例では雑壁などの変えられる部分はほとんど取り除いて、新しいプランをつくりあげている。しかし、解体であらわになった凹凸の鉄筋コンクリートのスラブは白く塗装するにとどめてその質感を活かし、古い建物であることを感じられるようにしている。

ここで見たように、既存のものの残し方次第で空間のつくり方や最終的なイメージは異なってくるため、変えるものと変えないものの検討はとても重要だ。

また、既存のものを活かすということはリノベーションでしかできない手法だ。既存のものを活かすことで、その建築でしかつくりえない空間をつくり出すことができる。

さまざまな視点で建物を見つめ、活かせるものを探し出そう。

■ 変えられない部分

変えられない部分をマイナス要因と捉えるのではなく、その部分の特徴を活かそう。たとえば、RC造の場合は窓の位置やサイズを変えることはできない。この変えられない開口部の特徴を読み込んで改修につなげることができる。

図14・33、14・34は、大阪府の泉北ニュータウンにある府営団地の

図14・30 Sayama Flat (改修設計:長坂常、撮影:太田拓実)

図14・31 新桜川ビル (改修設計:Arts & Crafts、写真提供:Arts & Crafts)

図14・32 リフラット (改修設計:SPEAC)

第 14 章　リノベーションの計画と設計　　149

1室を高齢者2人用の住宅に改修した「まきつかハウス」である。この住戸のある団地は、階段室型であるため、住戸の3面から採光が可能であり、住棟間隔がゆったりしていて緑豊かな周辺環境に囲まれているといった特徴がある。そこで、窓に近く比較的環境のいい部分に個室を配置し、最も暗くなる部分に水回りを配置している。

あるいは、図14・35の「ハウス須佐野」では、ワンルームマンションの1室にある既存の窓の内側に天蓋のような小壁を設けている。1面しか窓のない部屋の内側にもう1つ境界を設けることで、外部との接し方の選択肢を増やすことを試みている。

以上のように、変えられない部分を前提としながら、既存の空間の配置に手を加えたり、壁の仕上げや家具の配置を工夫したりすることにより、新たに外との関係をデザインしたり、特徴的なライフスタイルに対応する空間をつくったりすることができる。

図14・33　高齢者支援住宅「まきつかハウス」改修前

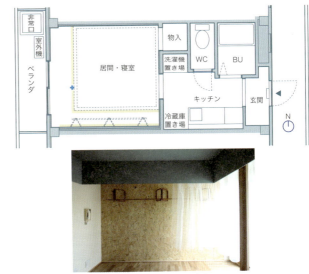

図14・35　「ハウス須佐野」（設計：ウズラボ）平面図と内観

図14・34　高齢者支援住宅「まきつかハウス」（設計：大阪市立大学居住福祉デザインリーグ、作図：板敷文音、池嶋智、写真撮影：坪倉守広）

14・3
プレゼンテーションしてみよう

1. プレゼンテーションシートにまとめてみよう

　計画が固まったら、プレゼンテーションについて考えてみよう。リノベーションの計画を図面や模型にまとめて、設計案の魅力をしっかり伝えよう。

■ 誰に何のために伝えるのか

　プレゼンシートを何のために使うのかを考えよう。コンペに提出するために紙面だけで情報を伝えようとしているのか、口頭発表の際の資料とするのか、展覧会に出展するのかによって、伝える情報の量が変わってくる。

　さまざまなプレゼンテーションシーンが考えられるが、以下に代表的な状況を書き出してみよう。
・学校の課題としてまとめる
・コンペに出すためのプレゼンシートとする
・口頭で発表する際の発表用スライドデータとしてまとめる
・展覧会でパネルと模型を展示する
・クライアントに案を説明する際の配布資料とする
・入居者に使い方を説明するためのパンフレットをつくる
・一緒に運営する人たちと情報を共有するためのビジュアルをつくる
・ポートフォリオとして作品をまとめる

■ 改修前後を明快に説明する

　リノベーションにおいては、改修前後の変化を説明することが重要である。改修前後で図面を色分けすると、変化が一目瞭然である。図14・36の外観パースでは、既存の建物をそのまま利用している部分を赤色、新しくつけ加えた部分を青色に塗り分けている。

■ ひと通りの図面を用意する

　いずれのプレゼンテーションにおいても図面は重要である。計画の全体を伝えるためには、以下の図面などをひと通り揃えると誤解がない。
・改修前平面図、断面図、立面図
・改修後平面図、断面図、立面図
・配置図、周辺図
・内観パース、外観パース
　その他にも、
・説明文（どの程度なら読んでもらえるか、プレゼンテーションのシーンをイメージして量を決める）
・面積表
・コンセプトダイアグラム
・模型
・イメージドローイング

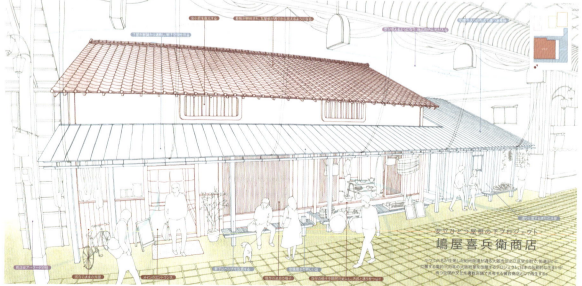

図14・36　嶋屋喜兵衛商店の外観パース　(作図：藤田俊洋)

第 14 章　リノベーションの計画と設計　　151

なども必要に応じて準備するとよい。

　図 14·37 〜 14·41 は、町家のリノベーション案を展覧会に出した際のプレゼンテーション資料で、先に挙げた図面がひと通り用意されている。その上で、イメージを伝えるメインのドローイング（図 14·37）とコンセプトを示す図（図 14·41）と模型を 2 種類（図 14·39、図 14·40）用意している。ドローイングは、町家のリノベーションがまちに影響を与えるイメージを伝えようとしている。2 種類ある模型のうち、1 つは、町家のリノベーション単体のデザインを説明するもので、1/20 の縮尺。もう 1 つは、まちと町家の関係を示すための模型で、1/2000 の縮尺の周辺模型に 1/100 の町家の模型が付属している。

　プレゼンテーションに向けては、図面表現の精度を上げることと、アイデアを伝える方法を検討すること、この両方が大事である。

図 14·37　町家 4 棟のリノベーション計画のメインドローイング

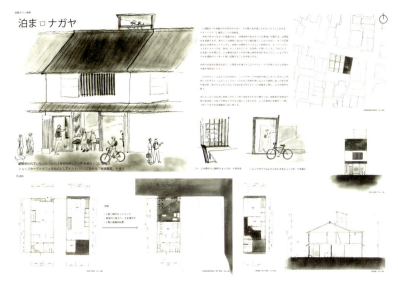
図 14·38　町家リノベーションのうち、1 棟の改修案のプレゼンシート

図 14·39　町家リノベーションの模型

図 14·40　町家リノベーションの周辺模型

図 14·41　町家リノベーションのコンセプトをまとめたもの。見た目（やぐら）、構造（減築など）、使われ方（シェアサイクルなど）のコンセプトがまとめられている（図 14·37 〜 14·41 の作成：粟田美樹、阪口由佳、戸田博登、冨田茉理奈）

2.ダイアグラムを使ってみよう

　考えた計画を目に見えるものにする方法としては、いきなり図面にするよりも、ダイアグラムを用いてみると良い。ダイアグラムは、コンセプトや計画として考えていることを、わかりやすく目に見える形にしてくれる。

■面積や機能を図にしてみる

　たとえば部屋と部屋のつながりをネットワーク図として図式化していくと、平面図や断面図などの図面を通して理解していた計画について、新しい整理ができる。あるいは、計画を面積や人数という明確な数字に置き換えてみるのも有効だ。面積表は、建築について、数字で語ることができる手段である。

　たとえば、図14・42は、p.149で紹介した高齢者支援住宅「まきつかハウス」のダイアグラムである。施設と住宅の中間のような場所で便利に暮らすことができ、友人を招くことができるということを示している。図14・43は長屋の事例で、3軒の住戸をリノベーションする際の使い方3パターンをシミュレーションしたダイアグラムである。

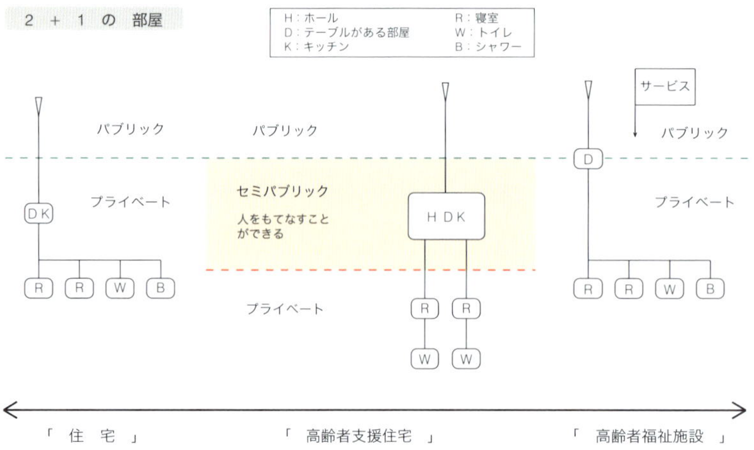

■コンセプトを図にしてみる

　ダイアグラムを描くということは、物事を抽象化してわかりやすくまとめることである。ぼんやり考えていたコンセプトを1枚の図で表すことで、計画者以外の人々にリノベーションのコンセプトを明確に伝えることができる。

　図14・44では、身近な家具からまちのことまで、さまざまな大きさのものを同じように重要なものと捉えて設計しようとしていることを表している。図14・45は、大阪長屋の改修における部屋の分節パターンを2種類示している。

■改修前後を整理する

　改修前、改修における操作、改修後とリノベーションの段階による変化をわかりやすく整理したり、表現したりすることにもダイアグラムが使える。リノベーションによって、何が変化したのか、何を操作したのかを伝えるためには、図面よりダイアグラムの表現のほうが伝わりやすい場合がある。たとえば図14・29（p.147）のように改修前後の図面を並べて、色分けすることで、効果的に建築的な操作を示すことができる。

　図14・46と図14・47は階段室型

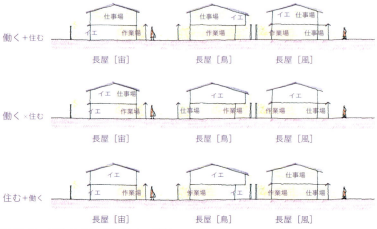

図14・42　高齢者支援住宅の部屋のつながりを示したダイアグラム （作図：大阪市立大学居住福祉デザインリーグ）

図14・43　須栄広長屋の断面ダイアグラム （作図：大阪市立大学小池研究室）

の集合住宅にエレベーターを取りつけるリノベーションについての提案ダイアグラムである。図14・46では、エレベーターを4台設置する案とエレベーターを1台だけ設置する2つの案、合計3パターンを比較検討できるようにしている。その上で、図14・47は住戸を一部減築して廊下を設けるという最も提案したい案である計画の改修前後の変化について、順を追って図示している。

■ダイアグラムは現実ではない

注意してほしいことは、ダイアグラムは便利であるが、現実ではないということである。ダイアグラムを描いていると、ついつい物事がその通りに動くと錯覚してしまうが、現実はもっと複雑である。ダイアグラムという道具をうまく使いこなすことを意識し、ダイアグラムにとらわれすぎないように気をつけよう。

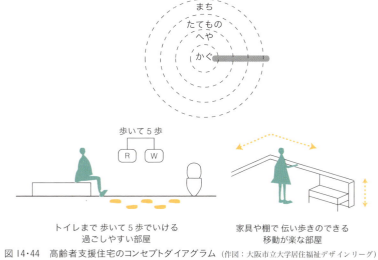

図14・44　高齢者支援住宅のコンセプトダイアグラム（作図：大阪市立大学居住福祉デザインリーグ）

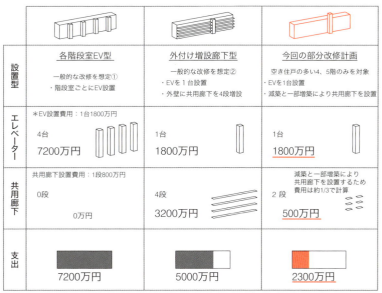

図14・46　団地改修のエレベーター（EV）工事費のシミュレーション

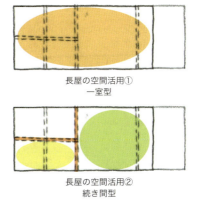

図14・45　大阪長屋の改修パターンを整理したダイアグラム（作図：峯崎瞳）

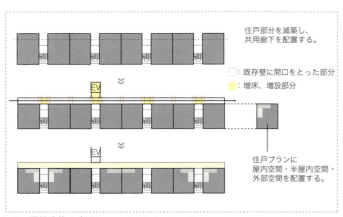

図14・47　団地改修の廊下についてのシミュレーション（作図：白石美奈子）

3. 色々な表現に挑戦しよう

プレゼンテーションの表現にはさまざまな方法がある。伝えたいことに適した表現方法を選ぼう。初めて見る人や専門家ではなく、一般の人に伝わる表現について考えてみよう。

模型、内観パース、外観パース、平面パース、平面図、断面図、周辺図、アクソノメトリック図、動画、CGなどから、伝えたいことに合わせた表現方法を選ぶ。1枚の絵や図が伝える内容には差がある。計画のビジョンを伝える1枚のインパクトのある絵もあれば、暮らし方を想像させる地味だが親切な絵もある。構造補強の方法の理解を助ける説明的な絵が必要な

図14・49　スケッチパースで表現する。泉北ニュータウン戸建て空き家リノベーション「暮らしの理想を叶えるキッチン」案のパース。キッチンとまちの近さを表現している（作図：岩元菜緒）

図14・48　CGを用いて検討する。嶋屋喜兵衛商店の厨房の照明について、CGを用いて3パターンを検討している（作成：坪田一平）

図14・50　素材を表現する。使う素材の色やテクスチャーを表現するために、平面図に素材を描き込み、模型にも素材を貼り込んでいる。リノベーションでは、既存の素材と改修により新しく使われる素材の検討が重要となるため、このような表現を試みている（作成：斉藤由希子）

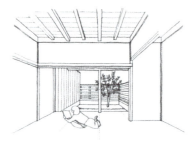

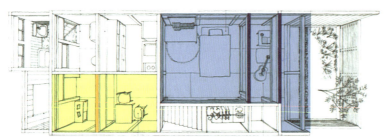

図14・51　平面パースで表現する。部屋と庭のつながりを表現した内観パースと平面パースで計画の平面構成と魅力を伝えようとしている（須栄広長屋）（作成：峯崎瞳）

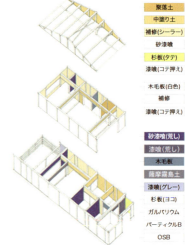

図14・52　壁の仕上げを色分けしたアクソノメトリック図（須栄広長屋）

第 14 章　リノベーションの計画と設計　155

場合もあれば、素材感を伝えるための饒舌な絵が適切な場合もある。伝えたいことに合わせて表現方法は変化する。

　使っている人や周辺建物の様子など、自分がデザインした部分以外のことを取り込んだ表現にすることで、伝えられることが広がる。

　プレゼンテーションや作品には内容がよく分かるタイトルをつけよう。キャッチコピーも効果的である。また、部屋名、説明文など、図面の中に入れる文字は意外に重要である。メインの解説文より読んでもらえることもある。

図 14・53　模型写真で表現する。庭に小さな小屋のようなキッチンを増築する「緑道下の家」。増築部を強調するような模型をつくり、庭と増築部の関係を表現している（作成：生田賀子）

図 14・54　模型写真で表現する。泉北ニュータウン戸建て空き家リノベーション「暮らしの理想を叶えるキッチン」案の模型写真。近所の人がキッチンに立ち寄ることを想像してもらうために、模型写真に人を上書きしている（作成：上野智博）

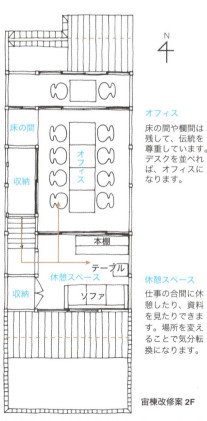

図 14・55　間取りを表現する。仕事場併用住宅として使う場合を想定した平面図。家具と部屋名をきちんと書き込むことで、一般の人にも伝わる平面図となっている（須栄広長屋）

4.計画を共有しよう

リノベーションの計画では、関係者や利用者に現状を把握してもらったり、計画を理解してもらったりした上で、目指すところについて共感してもらい、建物を一緒につくっていくことが重要である。計画の目標について相互に信頼が築かれていると、リノベーションの内容が深まり、改修後の使われ方が充実して運営がうまくいく。

■リノベーションのチームで計画を共有

リノベーションには多くの関係者がいる。プロジェクトに取り組むチームで情報を共有することがまずは必要である。お互いが重要と思っていること、進捗状況などについて、言葉、図面、模型、さまざまなものを用いてより具体的に共有しよう。

また、完成したものを見せるだけではなく、検討を重ねる過程をクライアントや利用者も含めたチームで共有することで、複数の視点から、計画の良いところと問題のあるところを明らかにできる。クライアントや利用者に計画案の内容や魅力を伝える際には、建築の専門家でなくてもわかる伝え方を心がけよう。

図14・56では、設計チームの中で計画案の共有を行っている。曖昧な言葉だけではなく、なるべく図面や模型などの具体的な形を見せてイメージを共有しよう。

■会議を重ねる

会議を重ねることで、意識を共有することができる。参加者それぞれの専門性や立場によって、同じ状況でも見え方が異なる。それを会議で共有して計画を進めていく。

■実物を見る

情報を共有する方法として、リノベーションの対象となる建物や敷地を実際に見ることも重要である。現場では、図面や写真ではわからないことが実感できて、一気に情報共有が進む場合がある。

■人の話を聞く

リノベーションの取り組みや計画案について、いろんな人と話をしたり、聞いたりしてみよう。リノベーション後に利用する予定の人、別の場所で同じような取り組みをしている人、ターゲット層の人などに話を聞いてみると、より具体的な使い方が想像できるようになる。対話を重ねることで、多くの人を巻き込む説得力が計画に生まれる。

図14・56　模型と図面で改修案の内容とポイントを設計チームで共有している

図14・57　案を設計チームで検討するための壁面ボード

図14・58　建物所有者にリノベーション案を模型と図面でプレゼンする

第 14 章 リノベーションの計画と設計　157

■ 発表会をしよう

リノベーションの計画について、直接の関係者に加えて、その建物の周辺に住む地域の人にも知ってもらう機会をつくろう。そうすることで、地域の人しか気づかないことを指摘してもらったり、思わぬ利用者が見つかったりする。

■ 情報共有から始まる

リノベーションに関して適切な選択ができるように、さまざまな技術力と知識を身につけるとともに、技術力と知識を持った人と情報交換できる場を持てることはプロジェクトを飛躍させる大きなチャンスである。1人の力や知識では解決できない課題についても、さまざまな専門家やまちの人が関わることで、新しい考え方が見えてくることがある。

図 14・59　区役所で地域の人に発表を聞いてもらい意見交換する（泉北ニュータウン戸建て空き家リノベーション案）

図 14・60　情報発信用の新聞と地域発表会のちらし（泉北ニュータウン）

図 14・61　リノベーションの授業での意見交換の様子（泉北ニュータウン）

図 14・62　地域での会議で模型を回覧して計画案を共有する（泉北ニュータウン）

図 14・63　空き家に模型を展示（泉北ニュータウン）

図 14・64　古民家でお茶をしながら交流（篠山古民家改修）

図 14・65　現場見学会で計画を説明（篠山古民家改修）

図 14・66　現場見学会で計画を説明（須栄広長屋）

第 15 章 リノベーションの現場と運営

15・1
現場に出よう

1. 状況を観察しよう

リノベーションの工事が始まると、定期的に現場に出向くことになる。週1回程度、決まった曜日と時間に定例の会議を開く設定をしよう。この会議は重要な打ち合わせの場である。工事の進捗や施工方法について、設計者と施工者の双方が情報を共有し、図面通りに工事が進んでいるかどうかを確認する。

■ 現場で学ぼう

現場に行く際には安全に配慮した服装をし、カメラ、筆記用具、コンベックスなどを携帯してすぐに取り出せる工夫をしよう。現場についたら、責任者に挨拶して、現場の状況を把握する。

リノベーションの現場では、解体をしてみたら予想とは異なる壁が出てきたり、老朽化した箇所を発見したりすることがある。予想外の状況においても、スケジュー

図 15・1 工事現場に掲示した黒板状の看板

図 15・2 定例会議の様子

既存住宅写真
居住者の手による改築が繰り返され、壁や床が大きく傾き、柱にペンキが塗装されている状態であった。

2012.11.19
既存内壁・床解体後
既存の内壁・床の解体を行い、天井裏の掃除を行った。学生たちの手で、既存柱のペンキを剥がし、柱を元の状態に再生した。

2012.11.26
撤去部分の外壁解体後
損傷が大きかった元台所の外壁を撤去し、居室内に採光および外気を取り入れた。

2012.12.05
床・電気配管工事
現代のライフスタイルから居住空間を再考し、電気および配管等を設置した。床を新しく組み、張り直すことで床の傾きを直した。

2012.12.26
荒壁パネル工事、浴槽設置
居住空間の耐震性を確保するために、荒壁パネルを挿入した。デッキ部分の柱と130角の大黒柱を設置した。

2013.01.16
内壁・天井工事
内壁や垂れ壁を構築する部材を組み立てていく。天井部分の隙間を塞いでもらい、学生たちの手で洗った後、色を塗り直した。

2013.01.23
内装工事、板洗い
既存の土壁および荒壁パネルの上に薩摩霧島壁を塗る。既存の長屋で使用されていた床板を学生の手で洗い、トイレの外壁に再利用する。

2013.03.08〜12
和紙貼り、煉瓦敷き
古建具を利用し、学生の手で襖および壁に和紙を貼る。デッキ部分の地面と玄関に煉瓦を敷き、外部空間から室内空間に入りやすくした。

図 15・3 工事中の流れをまとめた記録（豊崎長屋・西長屋）（作成：椋本智恵）

ルやコスト、クライアントの要望などを考慮して、最適な答えを提案するのが設計者の役割になる。現場の状況をよく観察し、関係者の意見を聞いた上で判断をする。現場の様子や打ち合わせ内容について、忘れずに記録をつけよう。

さらに、工事中は定期的に現場に通うことになるので、周辺の住人との交流を深めるチャンスと考えることができる。図15・1のチョークが使える看板では、工事が始まったことやイベント情報を道行く人に向けて掲示している。挨拶や看板を通して、地域の人とやりとりをしよう。

■ リアルサイズで考えよう

現場には、実際に空間ができあがっていく喜びがある。図面上では気づかなかった発見があったり、原寸で検討できることがあったりと、机上だけでは体験できない可能性にあふれている。素材や納まりについて、より詳しく決めることができる。

工事の進捗をよく観察し、詳細図を描いて現場で打ち合わせしてみよう。たとえば、図面上で10mmという幅を考えても、それが適切な寸法かどうか判断が難しい場合には、実際に現場に行って、同じサイズの部材を置いてみる。

現場で図面を描くと、既存の建物の状態を調べながら図面を描くことができる。チョークがあれば、実際に現場に書き込みをすることができる（図15・5）。跡が残って困る箇所には養生テープとマジックがあれば便利である。撤去する部分、残しておきたい部分の指示などにも使える。

なお、現場で具体的な事柄を決定したり変更したりする場合には、リノベーションの全体構想を意識しよう。全体の中で、重要な部分なのかそうでないのか、期限や優先順位を考えながら判断する。

図15・4　図面を持っていって職人さんと打ち合わせをする。自分の図面表現がうまく他人に伝わっているのかどうかを実感できる機会

図15・5　現場でチョークを使って検討を進めている

図15・6　現場では原寸で検討を進めることができる。左の写真では小壁の長さについて、板を当てて検討している。右は完成後（撮影（右）：多田ユウコ）

図15・7　原寸による下がり天井の検討の様子

図15・8　現場にダンボールのトイレと手すりを作成し使い勝手を検証

2. ディテールで考えよう

ディテールと聞くと、難しく感じてしまうかもしれないが、1/20や1/10といった原寸に近いスケールでデザインを考えてみると、1/100の大きさでデザインを考えていたときとは異なる世界が見えてくるだろう。

特にリノベーションでは、古いものと新しいものが出会う機会が多い。その出会いの部分、新旧の素材や部材が接する部分を丁寧に考えることが大切である。

新しいものと古いものを対等に扱うのであれば、新旧の比が1対1となるようにデザインしよう。具体的には、見える面積を等しくすることや素材の厚みを同じに仕上げるといったことである。一方、新しいものを強調するのであれば、新しいものが浮かび上がるような納まりを考える。たとえば、古い壁に覆いかぶさるように新しい壁を設置すると、新しい壁が引き立つ。逆に、古いものを尊重したい場合には、古いものと同じ素材感や色を持つ新しいものを選び、さ

り気なく置く。そんな風に考えていくと、ディテールを考えることが面白くなる。まず、新しく使う素材と既存の素材をどのように対比させるのかを考えよう。

■ 新旧の素材の出会いをデザイン

たとえば、古い壁を延長させたいときを考えてみよう。まず、古い壁と新しい壁を段差なしで並べて置いてみよう。ぴったりとくっつけて置いた場合、3mm離して置いた場合、7mmの場合。それぞれで見え方が異なることがわかる。さらに、片方の壁を片方の壁の上

図15・9 原寸スタディの様子。ディテールを考えていて悩んだら、原寸でモックアップをつくってみる。柱と棚板と腰壁の取り合いを検討している

図15・10 作業風景。カタログや塗装見本、現場の写真を見ながら、詳細図を描いている

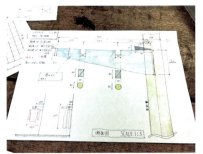

図15・11 ディテールを描くときには、部材ごとに色分けすると、物と物の取り合いが整理しやすい

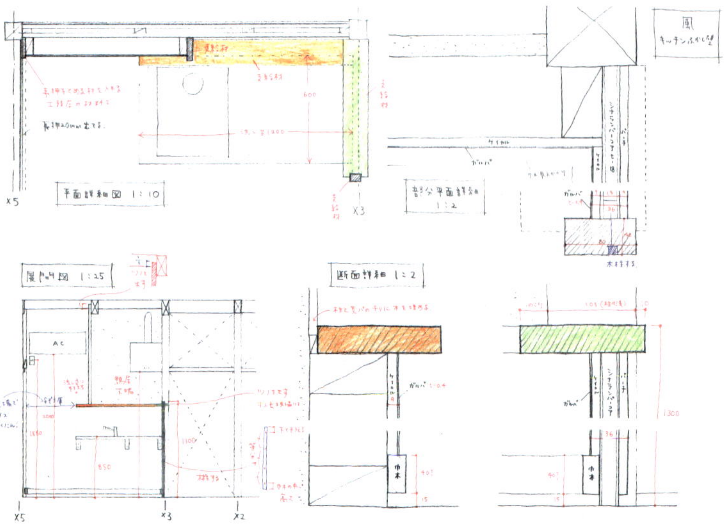

図15・12 キッチンと壁の取り合いの詳細図。左上から時計周りに、平面詳細図(1/10)、コーナー部の平面詳細図(1/2)、袖壁部分の断面詳細図(1/2)、正面腰壁の断面詳細図(1/2)、キッチン部分の展開図(1/25)となっている。さまざまな方向、縮尺の図面を描くことで、物と物との取り合いを検証できる

図15・13 完成したキッチン(須栄広長屋)

第 15 章　リノベーションの現場と運営　　161

に被せてみよう。そのまま上に置いた場合、5mm 浮かして置いた場合、10mm 浮かして置いた場合。どちらを上にするかによっても印象は大きく変わる。

なお、ディテールを考えるときにも、上から、前から、横からの 3 面を描くことが大事である。それぞれの方向から納まりを検討して、ディテールからデザインを考えることに挑戦してみよう。

図 15・14　完成写真（須栄広長屋）（撮影：多田ユウコ）

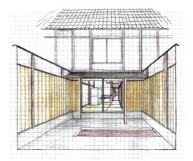
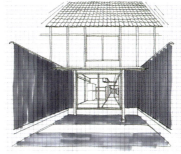

図 15・15　庭の塀の仕上げを検討しているパース

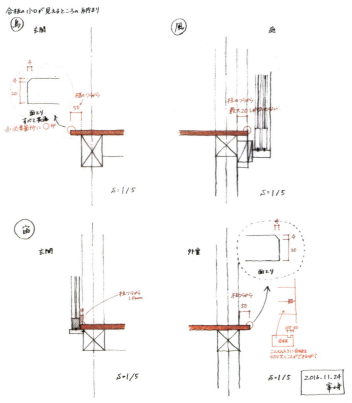

図 15・16　床合板詳細図。床の合板（24mm）をどこまで伸ばすのかについて、各端部で検証している

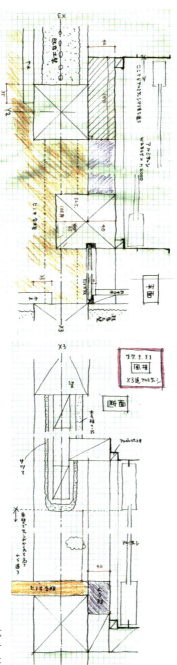

図 15・17　窓周りの平面詳細図（上）と断面詳細図（下）。設計テーマは、外部空間である庭の広がりを室内に取り込むことであった。そのため、新しくアルミサッシを取りつける部分のディテールを詳細に検討している。さらに、パース（図 15・15）を描いて、庭からの見え方を検証したり、床をどこまで伸ばすかを考えたりと（図 15・16）、さまざまな図面を描いている

3. 色や素材を決めよう

　改修前の建物について、形態だけではなく、素材や質感、色について着目してみると、そこからも建物の特徴が見えてくる。

　土壁を見れば、伝統的な建築が想起されるし、寄木のフローリングやプリントベニアは昭和レトロな雰囲気を思い起こさせる。素材だけでも、時代を物語ることができる。

　既存の建物の素材や色について把握した上で、新しく使う素材や色を決めていく。馴染むような素材を使うのか、対比的な素材を使うのか。素材や色選びによって、古いものに対する考え方を表明することになる。

　リノベーションでは色が効果的に使われる場合が多い。壁を白く塗れば、薄暗かった建物が明るく清潔に思えるようになるし、カラフルなカーテンを吊るすと、それだけで目を惹く場所ができあがる。色彩調査を実施して建築当初の色を再現することもできる。

　色や素材を決定する際には、性能について調べてみよう。屋外で使うのか室内で使うのか、雨がかかるのか肌が触れるのか。どのような性能が必要で、それに適した色や素材は何かについて検討する。次に、実物サンプル（図15・18、15・19）を現場に並べてみよう。光の当たり方、遠くや近くで見た場合の見え方などを検証した上で決定しよう。

図15・18 屋根に使うガルバリウム鋼板のサンプルを現場で比較

図15・19 使う予定の素材サンプルを並べて、全体の調和を検証

図15・20 建具を洗って使いまわしている。右はリノベーション後に古建具（葦戸）を設置した様子

図15・21 日土小学校（8章）の外観と色彩調査の様子。既存の部位・部材を調査して、建築当初の色彩を推定し、その色を再現している。経年変化の影響や最下部に下地調整用の色がある場合などを考慮しながら調査が進められた。最多で計6回塗り重ねられている部位があった。色の経年変化については、同時代の他の小学校を参考にしている（外観（左上）の撮影：北村徹、参照：「日土小学校の保存と再生」編纂委員会編『日土小学校の保存と再生』鹿島出版会、2016、p.87、207）

第 15 章　リノベーションの現場と運営　163

■ 古い材料を使ってみよう

建物を解体する際に出るゴミに注目すると、味のある板材や建具などを見つけることができる。分類するとゴミも材料に見えてくる。古材をはがして洗って使ったり、古い建具を使いまわしたりすることが、時間の経過を感じさせる素材となる。

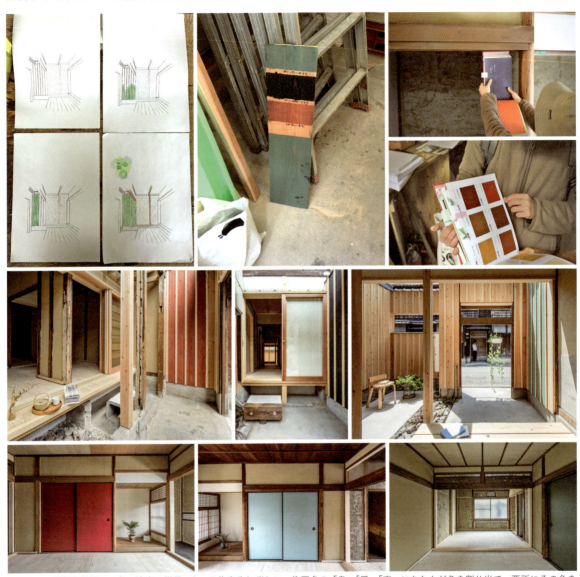

図 15・22　須栄広長屋での色の決定の様子。3 つの住宅それぞれに、住戸名の「鳥」「風」「宙」にちなんだ色を割り当て、要所にその色を取り込んだ。まず、パースを描いて、塗装の範囲を検討。次に、余り材を使って、塗装サンプルを作製。襖紙の色はサンプルを現場で見ながら決定した。道路から建物を覗いたときにすぐに色が見えるように、塀の一部を自然オイルで塗装。2 階の座敷の襖紙の色もそれぞれの住戸の色に合わせたものになっている（左上パース作図：長田壮介、撮影（中・下段の 6 枚）：多田ユウコ）

（左）図 15・23　「緑道下の家」の 1 階居間と 2 階廊下（改修設計：大阪市立大学居住福祉デザインリーグ）。1970 年代に建てられた戸建て住宅のリノベーション。既存の建物はプリントベニア、寄木フローリング、オレンジ色の照明器具などで構成されていた。改修後に使う素材についても、建築当初の素材を尊重するようにしている。照明器具や一部の素材を残し、既存素材と同様の色味と寸法のラワンベニア、寄木フローリングを新たに使っている

4.DIYをしてみよう

専門家ではない人が塗装や木工作業を自分たちですることをDIY（Do It Yourself）という。リノベーションの現場では、DIYを取り入れることが多い。工事に参加してみたいという単純な理由をはじめ、自分で自由にデザインを決められること、つくる過程や技術を理解できること、コストを抑えられることなど、DIYにはさまざまなメリットがある。

■ みんなでつくる

DIYの参加者を募ると、建物をつくる過程に多くの人と関わることができる。実際に一緒につくることで参加者に建物への愛着を持ってもらえたり、近隣の人に建物に関わってもらうきっかけとなったりする。1つの作業を多くの人と共有して、作業の合間にごはんを食べたり、話をしたりする。そんな時間を持つことができることもDIYの魅力の1つである。

■ DIYの準備

DIYに取り掛かるときには、まずは安全を確保しよう。現場に危険な場所がないか点検し、ある場合はその場所を囲うなどして安全にする。騒音や作業時間などについても、近隣への配慮を忘れないようにしよう。

また、DIYで建物を損傷しないように気をつけよう。誤って構造として必要な柱を撤去してしまったり、設備配管を傷つけてしまっ

図15・24　子どもたちとDIY。準備をしっかりしておけば、子どもができることも色々ある

図15・25　自然塗料のDIY作業の様子

たりしないようにする。DIYでは、自分たちでできる作業と、プロに任せる作業を整理することが大事である。プロに教えてもらいながら、DIYに挑戦するという方法もある。

DIY作業には、道具を含めて適切な準備が必要である。塗装作業では、誤った場所を塗らないために養生が重要である。また、塗料は火気厳禁である場合が多いので、取り扱い説明書をよく読もう。インパクトや丸ノコなどの工具を使う作業は十分な知識を持った人と練習してから使うようにする。あるいは、プロに任せるという判断をする。

水道や電気の工事など、資格のある人しかできない作業があるので注意する。意外に苦労するのが、ゴミの処理である。ゴミの分別、廃棄方法をあらかじめ決定しておいてから、使う材料を決める。

コスト管理やスケジュール管理も大事である。DIYは、一度始めたら最後までやりきらなければならない。最後までやる時間と体力の用意を忘れないようにして、満足できるものをつくろう。

図15・26　（左）椅子にもなる楽器のカホンをDIYし、参加者と一緒に即興の演奏会を開く。（右）身近にある三角コーンと合板を使った積み重ねられるテーブル。DIYした後は、完成を祝うパーティーを開催

第 15 章　リノベーションの現場と運営　165

図 15・27　襖の和紙貼りの作業の様子。塗装や襖貼りは比較的安全な作業であり、建物のメンテナンスとして日常的な作業に取り入れやすい内容である

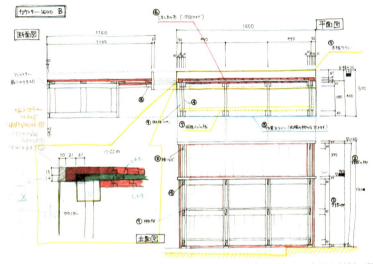

図 15・28　スケジュール表。材料の手配や関係者の動きをまとめている

図 15・29　嶋屋喜兵衛商店のキッチンカウンターの 3 面図。色分けして、必要な材料の種類を明確にしている。壁際の業務用キッチンの据えつけ、設備、腰壁貼りはプロに任せ、可動のカウンターを DIY している　(作図：岩元菜緒)

図 15・30　キッチンカウンターの DIY の様子。材料の手配→塗装→専門家に教わりながらカウンター組み立て→脚にアジャスター取りつけ→完成して使っている様子

15・2
運営してみよう

1.再び使ってみよう

良いリノベーションは、しっかりとした運営によって育まれる。建築は箱ができあがって終わりではない。

できあがった場所を再び使ってみよう。何かイベントを仕掛けたり、特別なことはしなくても、ごはん会を開くだけでもよい。

■マーケットを企画する

たとえば、できあがった建物の魅力を知ってもらうために、マーケットを企画してみる。会場の広さから、出店者数を想定し、来場者のターゲットを決めて、広報してみよう。来場者からは、「こんな場所があったのか」「改めて場所の魅力に気がついた」などのコメントがもらえるかもしれない。

■イベントを企画する

できあがった建物を使う方法はさまざまである。ごはんを食べる、コンサート、展覧会、料理教室とうつわ展示、映画上映会、内覧会など（図15・36～15・39）。使ってみることを通して、できあがった空間の魅力や使い方を建物の利用者に伝えることができる。建物の

図15・32 「おふくいち」開催時に掛けるのれん

図15・31 嶋屋喜兵衛商店での定期的なマーケット「おふくいち」のポスター。リノベーションで減築してつくった新しい入口から人がアクセスする様子をポスターにしている

図15・33 「おふくいち」のちらし
（のれんとちらしデザイン：小川明郎）

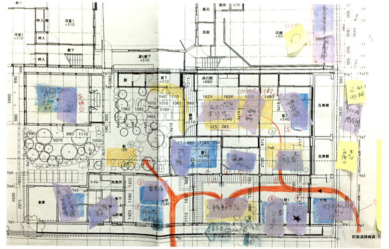

図15・34 「おふくいち」の出店ブースのレイアウトの検討。リノベーションでつくり出した回遊性を重視している （作成：谷口結香、名倉麻実、福元貴美子、椋本大貴）

図15・35 「おふくいち」の様子。嶋屋喜兵衛商店の「嶋」(縞)をモチーフにした縞模様のガーランドや天井吊りのオブジェでイベントを活気づけている

第15章　リノベーションの現場と運営　　167

図15・36　「槇塚台レストラン」での食事会とイベントの様子。レストランの客席部分を使いながらコンサートやゲームができることを実証した。現在は、周囲の店舗を巻き込んだ企画へと発展している。ごはんを食べに行くためだけに利用する場合もある

図15・37　（左・中）豊崎長屋での能面展とうつわ展の様子。リノベーションされた空間の魅力を多くの人に体験してもらう機会として展覧会を企画した。（右）豊崎長屋での映画上映会の様子。庭のブロック塀をスクリーンに見立てている

運営の仕方を一緒に考えながら使ってみよう。

■ イベント運営上の留意点

イベントを企画する際には、わかりやすい目的を考えよう。お世話になったまちの人にお礼をしたい、いつも来てくれている人たちとの交流を強化したい、新しい人に来場してほしいなど、いつ、誰のために、何をするのかを改めて整理してみる。そして、その目的に合った日時や会場構成を設定する。

また、何をもって成功とするのかも考えてみよう。集客人数、来場者の満足度、建物の利用方法の問い合わせを受けること、などが想定できる。

なお、イベント開催には事前準備が大切である。リハーサルやシミュレーションをしっかり行い、広報や集客の方法を早めに検討しよう。トラブルが起こった際の連絡先も調べておこう。

図15・38　料理教室とうつわ展示の様子。キッチンを増築したリノベーションの魅力を伝えようと企画した（緑道下の家）

図15・39　内覧会の様子。ゆっくり空間を体験することで新たな気づきが得られることがある（山之内元町長屋）

2. 建物に関わり続けよう

リノベーションが完成したら、完成した建物を味わおう。住宅であれば、実際に住んでみよう。リノベーションを通して、建物に愛着を持ったり、まちの魅力を知ったりすると、その建物に住みたくなる。つくった後に暮らしてみることで、より持続的な取り組みになる。建物の用途によっては、住むことはできないかもしれないが、お茶を飲みに行く、買いものに行く、話をしに行くなどして、その建物に継続的に関わることができる。これらの行為を通して、完成した建物について、より深く知ることができるだろう。

■ 暮らし開き

リノベーションした建物に住んだら、人を招いてみよう。またはリノベーションされた建物の住人のところに遊びに行ってみよう。住んでいる人と話をすることで、リノベーションされた建物が生き生きと感じられる。

たとえば、大阪の長屋のリノベーションの現場では、「オープンナガヤ大阪」というオープンハウスイベントを年1回開催している。リノベーションされた長屋に暮らす住人が自分の住まいや仕事場を開き、来場者をもてなすイベントである。住人は、誇りを持って暮らしを開き、長屋について、暮らしについて、リノベーションについて、さまざまな言葉が交わされる。

■ リノベーションのその後

リノベーションは設計や施工をして完成したら終わりではない。

図15・40　リノベーションから9年経って、3組目の住人を迎える豊崎長屋・南長屋

図15・41　リノベーションした長屋をめぐるオープンハウスイベント「オープンナガヤ大阪」のガイドマップ

図15・42　「オープンナガヤ大阪」当日の様子。リノベーションされた長屋の住人と来場者が話をしながら交流している。住まいがまちに開かれる日となっている

第15章 リノベーションの現場と運営　169

入居者募集、建物の管理・運営、メンテナンス、住まい方調査など、さまざまな方法でリノベーション後の建物と関わることができる。そして、次回のリノベーションにつながっていく関係を利用者や所有者と築くことができる。リノベーション後も建物やその場所を育てていく、そんな関わり方を続けていこう。

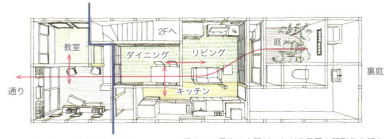

図15・43　長屋をリノベーションしたある住まいの調査結果。教室を併設した住宅で、青線で住まいと教室がゆるやかに区切られている

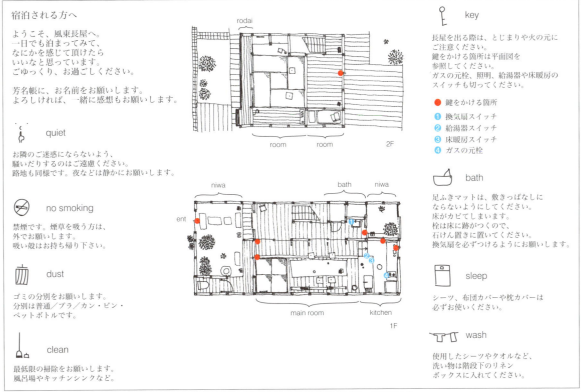

図15・44　リノベーションした長屋で宿泊体験するための取り扱い説明書（豊崎長屋・風東長屋）（作成：山川公平）

図15・45　リノベーションした長屋に暮らす様子。それぞれ、設計した学生がしばらく暮らしを体験した（豊崎長屋）。（左）気に入った家具を揃えることも楽しみのひとつ。（中）リノベーションでつくった仕掛けである鴨居を使って服を掛けたり、照明を自作したりして楽しんでいる。（右）耐震補強のフレームを利用した棚に気に入ったものを並べて暮らしている　（撮影：いずれも絹巻豊）

著者略歴

小池 志保子（こいけ しほこ）
1976 年生まれ。2000 年京都工芸繊維大学博士前期課程修了、中村勇大アトリエ勤務。2002 年ウズラボ共同設立。現在、大阪公立大学大学院生活科学研究科准教授。博士（工学）、一級建築士。2006 年より大阪長屋の再生に関わり、「豊崎長屋」でグッドデザイン賞サステナブルデザイン賞ほか受賞。共著書に『ほっとかない郊外　ニュータウンを次世代につなぐ』（大阪公立大学共同出版会、2017）など。（担当：3、6、9、13 ～ 15 章）

宮部 浩幸（みやべ ひろゆき）
1972 年生まれ。1997 年東京大学大学院工学系研究科修了。北川原温建築都市研究所、東京大学工学系研究科助手、リスボン工科大学客員研究員を経て、2007 年スピークのパートナーとなる。建築作品に「龍宮城アパートメント」「リージア代田テラス」など。共著書に『世界の地方創生』（学芸出版社、2017）。2015 年より近畿大学建築学部准教授、2021 年より同教授。博士（工学）、一級建築士。（担当：2、4、10、11 章、13・14 章の一部）

花田 佳明（はなだ よしあき）
1956 年生まれ。1980 年東京大学工学部建築学科卒業、1982 年同大学院修士課程建築学専攻修了。日建設計を経て、1997 年神戸芸術工科大学環境デザイン学科助教授、2004 年より同教授。2022 年より京都工芸繊維大学特任教授、神戸芸術工科大学名誉教授。博士（工学）。日本建築学会賞（業績）、日本建築学会教育賞、同著作賞、ワールド・モニュメント財団／ノールモダニズム賞受賞。著書に『植田実の編集現場』（ラトルズ、2005）、『建築家・松村正恒ともうひとつのモダニズム』（鹿島出版会、2011）など。（担当：1、8 章）

川北 健雄（かわきた たけお）
1959 年生まれ。1987 年京都工芸繊維大学大学院修士課程修了。1992 年コロンビア大学大学院 MSAAD 課程修了。1993 年大阪大学大学院博士後期課程単位取得満期退学。講師、助教授を経て 2005 年より神戸芸術工科大学教授。博士（工学）、理学修士、一級建築士。共著書に『初めての建築設計 ステップ・バイ・ステップ』（彰国社、2010）、共同作品に「禅昌寺キオスク」など。（担当：12 章）

山之内 誠（やまのうち まこと）
1969 年生まれ。2000 年東京大学大学院博士課程修了。博士（工学）。神戸芸術工科大学専任講師、助教授、准教授を経て、2017 年より同教授。著書に『太山寺観音堂・羅漢堂保存修理工事報告書』（太山寺、2004）、『三木の町並み』（三木市文化遺産活性化委員会活性化実行委員会、2014）など。（担当：7 章）

森 一彦（もり かずひこ）
1956 年岐阜県生まれ。1982 年豊橋技術科学大学大学院建設工学専攻修了。1999 年大阪市立大学大学院生活科学研究科助教授、2004 年より同教授。2022 年より大阪市立大学名誉教授。一級建築士、博士（工学）。人間環境学会賞、日本都市住宅学会賞業績賞、大阪市立大学優秀教育賞など受賞。編著書に『エイジング・イン・プレイス　超高齢社会の居住デザイン』（学芸出版社、2009）、『福祉転用による建築・地域のリノベーション』（学芸出版社、2018）ほか。（担当：5 章）

リノベーションの教科書
企画・デザイン・プロジェクト

2018 年 4 月 20 日　第 1 版第 1 刷発行
2022 年 5 月 20 日　第 1 版第 3 刷発行

著　者………小池志保子、宮部浩幸、
　　　　　　花田佳明、川北健雄、
　　　　　　山之内誠、森一彦

発行者………井口夏実

発行所………株式会社学芸出版社
　　　　　　京都市下京区木津屋橋通西洞院東入
　　　　　　電話 075 - 343 - 0811　〒 600 - 8216
　　　　　　http://www.gakugei-pub.jp/
　　　　　　info@gakugei-pub.jp

装　丁………UMA/design farm

印刷・製本…シナノパブリッシングプレス

ⓒ 小池志保子、宮部浩幸、花田佳明、
　川北健雄、山之内誠、森一彦　2018　　Printed in Japan

ISBN 978 - 4 - 7615 - 2673 - 3

JCOPY 〈(社)出版者著作権管理機構委託出版物〉
本書の無断複写（電子化を含む）は著作権法上での例外を除き禁じら
れています。複写される場合は、そのつど事前に、(社)出版者著作権管理
機構（電話 03 - 5244 - 5088、FAX 03 - 5244 - 5089、e-mail: info@jcopy.
or. jp）の許諾を得てください。
また本書を代行業者等の第三者に依頼してスキャンやデジタル化する
ことは、たとえ個人や家庭内での利用でも著作権法違反です。

好評発売中

福祉転用による建築・地域のリノベーション　成功事例で読みとく企画・設計・運営
森一彦・加藤悠介・松原茂樹・山田あすか・松田雄二 編著

A4判・152頁・本体3500円+税

空き家・空きビル活用の際、法規・制度・経営の壁をいかに乗り越えたか。建築設計の知恵と工夫を示し、設計事務所の仕事を広げる本。企画・設計から運営まで10ステップに整理。実践事例から成功の鍵を読み解く。更に技術・制度、地域との関わりをまとめ、海外での考え方も紹介。「福祉転用を始める人への10のアドバイス」を示す。

シェア空間の設計手法
猪熊純・成瀬友梨 責任編集

A4判・128頁・本体3200円+税

「シェア空間」を持つ49作品の図面集。住居やオフィス、公共建築等、全国の事例を立地別に分類、地域毎に異なるシェアの場の個性や公共性を見出すことを試みた。単一用途より複合用途、ゾーニングより混在と可変、部屋と廊下で区切らない居場所の連続による場の設計。人の多様な在り方とつながりを可能にする計画手法の提案。

エリアリノベーション　変化の構造とローカライズ
馬場正尊+Open A 編著／明石卓巳・小山隆輝・加藤寛之・豊田雅子・倉石智典・嶋田洋平 著

四六判・256頁・本体2200円+税

建物単体からエリア全体へ。この10年でリノベーションは進化した。計画的建築から工作的建築へ、変化する空間づくり。不動産、建築、グラフィック、メディアを横断するチームの登場。東京都神田・日本橋／岡山市問屋町／大阪市阿倍野・昭和町／尾道市／長野市善光寺門前／北九州市小倉・魚町で実践された、街を変える方法論。

CREATIVE LOCAL　エリアリノベーション海外編
馬場正尊・中江研・加藤優一 編著／中橋恵・菊地マリエ・大谷悠・ミンクス典子・阿部大輔・漆原弘・山道拓人 著

四六判・256頁・本体2200円+税

日本より先に人口減少・縮退したイタリア、ドイツ、イギリス、アメリカ、チリの地方都市を劇的に変えた、エリアリノベーション最前線。空き家・空き地のシェア、廃村の危機を救う観光、社会課題に挑む建築家、個人事業から始まる社会システムの変革など、衰退をポジティブに逆転するプレイヤーたちのクリエイティブな実践。

図解ニッポン住宅建築　建築家の空間を読む
尾上亮介・竹内正明・小池志保子 著

B5変判・160頁・本体2800円+税

戦後から現代まで、名作とされる住宅59作品についてコンセプトを明確に提示し、力強いイラストと図面を用いてポイントをわかりやすく解説。住宅を設計する際に必要となる空間の読み解き方について、建築家の手法を探る。また、時代背景とともに年代ごとに取り上げており、戦後60年の日本住宅の変遷も学ぶことができる。

モクチンメソッド　都市を変える木賃アパート改修戦略
モクチン企画／連勇太朗・川瀬英嗣 著

A5判・192頁・本体2200円+税

木造賃貸アパート（モクチン）は戦後大量に建てられたが、今老朽化と空き家化が著しい。建築系スタートアップ・モクチン企画はその再生をミッションに、シンプルな改修アイデア・モクチンレシピを家主や不動産業者に提供する。街から孤立した無数のモクチンを変えることで豊かな生活環境、都市と人のつながりをとり戻す試み。

リノベーションまちづくり　不動産事業でまちを再生する方法
清水義次 著

A5判・208頁・本体2500円+税

空室が多く家賃の下がった衰退市街地の不動産を最小限の投資で蘇らせ、意欲ある事業者を集めてまちを再生する「現代版家守」（公民連携による自立型まちづくり会社）による取組が各地で始まっている。この動きをリードする著者が、従来の補助金頼みの活性化ではない、経営の視点からのエリア再生の全貌を初めて明らかにする。

みんなのリノベーション　中古住宅の見方、買い方、暮らし方
中谷ノボル+アートアンドクラフト 著

A5判・176頁・本体1800円+税

中古住宅を安価で購入し、自分の生活スタイルに合った住宅を改装によって実現する手法が注目されている。その開拓者である著者が、基本的知識、中古の魅力、物件探しのコツ、資金計画、設計の工夫まで、不動産のプロや銀行員へのインタビュー、体験談を交えながら事細かに紹介する。目から鱗の発見と実際的知識が満載の指南書。